本书由北京理工大学资助出版

国之重器出版工程
国防现代化建设

高能激光防护材料技术

High-energy Laser Protective Materials Technology

马壮 高丽红 柳彦博 编著

U0234163

北京理工大学出版社
BEIJING INSTITUTE OF TECHNOLOGY PRESS

内 容 简 介

高能激光武器具有打击速度快、精度高、能量密度大、效费比高等特点，具有"快、准、狠"的独特优势，可对武器装备进行"外科手术"式的精准打击，但由于高能激光能量密度大，对装备能够"击中即毁"，且国内外鲜有参考资料，防护涂层材料研制难度大。

在不影响装备主体结构的条件下，采用涂层技术是高能激光防护的有效手段，编者结合多年的教学与科研经验，参考了大量的国内外新教材和有关文献，编写了本书，使之更能符合当前前沿领域的教学和科研的需要。

本书较为系统全面地介绍了高能激光防护材料技术的基本理论及研究方法。本书将理论与实践相结合，展开介绍了基于不同原理的高能激光防护材料技术，并针对不同防护原理给出了实际案例，从而深入浅出地阐述了多种防护材料技术方法。

本书可作为高等学校工科及理工科部分专业的教材使用，也可供教师、广大科技工作者及研究人员参考。

图书在版编目（ＣＩＰ）数据

高能激光防护材料技术／马壮，高丽红，柳彦博编著．－－北京：北京理工大学出版社，2022.1（2024.12重印）
ISBN 978 - 7 - 5763 - 0955 - 3

Ⅰ.①高…　Ⅱ.①马…②高…③柳…　Ⅲ.①激光 - 光辐射 - 辐射防护 - 研究　Ⅳ.①TN241

中国版本图书馆 CIP 数据核字（2022）第 030334 号

出　　版／北京理工大学出版社有限责任公司
社　　址／北京市海淀区中关村南大街 5 号
邮　　编／100081
电　　话／（010）68914775（总编室）
　　　　　（010）82562903（教材售后服务热线）
　　　　　（010）68944723（其他图书服务热线）
网　　址／http：//www.bitpress.com.cn
经　　销／全国各地新华书店
印　　刷／北京虎彩文化传播有限公司
开　　本／710 毫米 × 1000 毫米　1/16
印　　张／9.75
字　　数／177 千字
版　　次／2022 年 1 月第 1 版　2024 年 12 月第 2 次印刷
定　　价／49.00 元

责任编辑／徐　宁
文案编辑／闫小惠
责任校对／周瑞红
责任印制／李志强

图书出现印装质量问题，请拨打售后服务热线，本社负责调换

专家委员会委员（按姓氏笔画排列）：

于　全　中国工程院院士

王　越　中国科学院院士、中国工程院院士

王小谟　中国工程院院士

王少萍　"长江学者奖励计划"特聘教授

王建民　清华大学软件学院院长

王哲荣　中国工程院院士

尤肖虎　"长江学者奖励计划"特聘教授

邓玉林　国际宇航科学院院士

邓宗全　中国工程院院士

甘晓华　中国工程院院士

叶培建　人民科学家、中国科学院院士

朱英富　中国工程院院士

朵英贤　中国工程院院士

邬贺铨　中国工程院院士

刘大响　中国工程院院士

刘辛军　"长江学者奖励计划"特聘教授

刘怡昕　中国工程院院士

刘韵洁　中国工程院院士

孙逢春　中国工程院院士

苏东林　中国工程院院士

苏彦庆　"长江学者奖励计划"特聘教授

苏哲子　中国工程院院士

李寿平　国际宇航科学院院士

李伯虎	中国工程院院士
李应红	中国科学院院士
李春明	中国兵器工业集团首席专家
李莹辉	国际宇航科学院院士
李得天	国际宇航科学院院士
李新亚	国家制造强国建设战略咨询委员会委员、中国机械工业联合会副会长
杨绍卿	中国工程院院士
杨德森	中国工程院院士
吴伟仁	中国工程院院士
宋爱国	国家杰出青年科学基金获得者
张　彦	电气电子工程师学会会士、英国工程技术学会会士
张宏科	北京交通大学下一代互联网互联设备国家工程实验室主任
陆　军	中国工程院院士
陆建勋	中国工程院院士
陆燕荪	国家制造强国建设战略咨询委员会委员、原机械工业部副部长
陈　谋	国家杰出青年科学基金获得者
陈一坚	中国工程院院士
陈懋章	中国工程院院士
金东寒	中国工程院院士
周立伟	中国工程院院士

郑纬民　中国工程院院士

郑建华　中国科学院院士

屈贤明　国家制造强国建设战略咨询委员会委员、工业和信息化部智能制造专家咨询委员会副主任

项昌乐　中国工程院院士

赵沁平　中国工程院院士

郝　跃　中国科学院院士

柳百成　中国工程院院士

段海滨　"长江学者奖励计划"特聘教授

侯增广　国家杰出青年科学基金获得者

闻雪友　中国工程院院士

姜会林　中国工程院院士

徐德民　中国工程院院士

唐长红　中国工程院院士

黄　维　中国科学院院士

黄卫东　"长江学者奖励计划"特聘教授

黄先祥　中国工程院院士

康　锐　"长江学者奖励计划"特聘教授

董景辰　工业和信息化部智能制造专家咨询委员会委员

焦宗夏　"长江学者奖励计划"特聘教授

谭春林　航天系统开发总师

前　言

　　激光以其亮度高、单色性好、方向集中等特点，与原子能、半导体、计算机一起成为 20 世纪的四大发明，引发了一场技术革命。激光技术是一门涉及光、机、电、材料、检测等多个学科的综合性技术，在先进制造、光电子器件、军事、医疗、信息及工业等重要领域中广泛应用。

　　激光作为一种高度局域化的热源在与材料相互作用时，沉积的能量能够迅速引起材料的热破坏和力学破坏，甚至导致构件整体失效。近年来以激光束为能量载体的激光武器发展迅速，利用定向发射的高能激光束可对远距离目标进行精确打击，达到毁伤目标的目的。激光武器有着其他传统武器无可比拟的优点，美、俄、英、德、法、以色列等许多西方国家都在积极发展强激光武器，其成为各军事强国竞争的新焦点。因此，随着激光技术的快速发展与应用，激光防护日益引起国内外的广泛关注。本书总结了近年来相关领域的研究成果，突出机理，结合实例，希望对不同的读者都能有所裨益。

　　本书共分 7 章，从材料科学与工程专业的角度出发，主要介绍了激光的原理与应用、激光与物质的相互作用、激光防护技术、激光防护涂层制备工艺等内容；以激光对材料的毁伤为背景，描述了高能激光武器的发展，并阐述了高能激光对材料的破坏效应，简要介绍了表面工程概况；针对激光的破坏效应，以材料的抗激光毁伤为重点，从理论上讲述了基于不同原理的激光防护方案，并辅以典型的实际案例，介绍了激光防护材料的制备方法、微观组织结构和激光防护性能，以理论结合实验的方式，详细说明了激光辐照后材料的形貌、结构、性能等变化，结合理论分析与辐照实验后材料的变化，充分地讲述了材料的抗激光毁伤机理，从而使理论更加容易理解，也更加具有指导意义。

衷心感谢编者所在的冲击环境材料技术重点实验室在本研究方向上的大力支持，特别感谢王富耻教授对此科研工作的指导与帮助。书中归纳提炼了北京理工大学近年来多名博士和硕士研究生的大量研究成果，已在相关章节的参考文献中注出，在此不一一列举，谨向他们表示感谢。特别感谢陈晓彤研究生，其为本书的统稿、文字编辑和材料收集方面做了大量细致的工作。

本书编者自"十五"率先开展了高能激光防护材料研究，在新材料设计与合成、宏微观结构调控与工程应用等方面取得创新成果，具有丰富的理论和实际经验，对激光防护有深刻的认识，将积累的成果撰写了本书，希望为从事本领域的读者提供一定的启示和参考，同时也希望我国的高能激光防护涂层材料技术研究再迈上一个新台阶。

编　者

目　录

第 1 章

激光的原理与应用

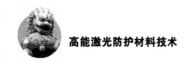

激光（light amplification by stimulated emission of radiation）简称 LASER，本意为受激辐射的光放大，音译为英文名字"莱塞"或"镭射"。受激辐射的概念是在爱因斯坦 1916 年提出的新理论基础上形成的，这个理论的基本内容是物质是由大量的原子构成的，其中的电子或粒子分别在不同的能级中分布着，因为一些光子的激发作用使得处于高能级的粒子产生跃迁，即粒子会从高能级向低能级跳跃，在跃迁的过程中就会激发出或者辐射出光，这种光同引发其跃迁的光的性质相同。在特殊的条件下还会存在弱光激发出强光的现象，这个过程体现了"受激辐射的光放大"这一概念，即可以简称为"激光"。

1.1 激光的产生原理[1-2]

1.1.1 激光的特性

激光由梅曼先生于 1960 年发明，之后成为一种先进的技术得到了快速的发展，其应用范围扩大到了人们生活中的诸多方面。激光器的种类繁多，不同的激光器利用不同的原理产生激光，DVD（数字光盘）、CD-ROM（只读光盘）及 CD（激光唱片）等器材中都装有半导体激光器，通过激光二极管来产生激光，固体激光器主要通过红宝石激光器产生激光，而气体激光器则通过氩激光器或氦—氖激光器产生激光。激光技术在军事、医疗、信息及工业等生产生活领域中已发挥重要作用，随着不断的发展，其应用范围不断扩大。

激光是利用受激辐射效应形成的一种方向集中、单色性好、亮度高的新型光源。它具有以下物理特性。

　　（1）方向性好。激光是定向辐射的，在空间传播光束发散很小，接近于平行光。一般光源（基于自发辐射）都是向四面八方发射的，发散度为 4π 球面度（sr），而激光的发散角很小，可近似表示为

$$\varOmega = \frac{\pi(R\theta)^2}{R^2} = \pi\theta(\,\mathrm{sr}\,) \qquad\qquad (1-1)$$

式中，R 为发散距离；θ 为光束发散平面半角。激光光束的发散角很小，因此激光在空间上能量是高度集中的。

　　（2）单色性好。单色光的谱线宽度越窄，单色性越好，颜色越纯。激光的谱线宽度小到 10^{-8} nm，比普通光源的谱宽小上万倍。因此，激光是人类目前得到的最好的单色光源。良好的单色性在实际应用时有很大优势，如可以提高接收机信噪比和灵敏度，对在同一背景光干扰下进行特征识别也很有利。

　　（3）相干性好。光的相干性一般分为时间相干性和空间相干性。时间相干性与光的单色性密切相关，而空间相干性与光的方向性密切相关。

　　（4）亮度高。激光的亮度是指光源在单位面积上的发光强度，即表面一点处的面元在给定方向上的辐射强度，除以该面元在垂直于给定方向的平面上的正投影面积。令光源的发光面积为 ΔS，在时间 Δt 内向着其法线方向上的立体角 $\Delta\varOmega$ 范围内发射的辐射能量为 ΔE，则光源表面在该方向上的亮度 B 表示为

$$B = \frac{\Delta E}{\Delta S \cdot \Delta t \cdot \Delta\varOmega} = \frac{\Delta P}{\Delta S \cdot \Delta\varOmega}(\,\mathrm{W/(cm^2 \cdot sr)}\,) \qquad\qquad (1-2)$$

式中，ΔP 为辐射功率。由于一般激光光束的立体角 $\Delta\varOmega$ 小到 10^{-6} 数量级，比普通光源的立体角小百万倍，激光的亮度高，激光致盲武器、各种战术和战略激光武器均基于此。

1.1.2　激光产生的物理基础及基本条件

　　激光器产生激光的物理基础是光同物质间的共振作用，其中二者在相互作用中出现的受激辐射现象最为关键。著名科学家爱因斯坦基于光量子概念将黑体辐射的普朗克公式重新进行了推导，发现原子的受激吸收跃迁、受激辐射跃迁及自发辐射跃迁过程均属于物质原子同光的相互作用。在研究过程中，可以将原子的能级设定为 E_1 和 E_2，表示组成黑体物质的原子中辐射场的能量密度，n_1 和 n_2 表示两个不同能级的原子数量的密度，并存在 $h\nu = E_2 - E_1$ 的关系，其中 ν 为频率。

受激辐射过程：指的是受激辐射跃迁过程中发出的光波，具体表示为在 $v = (E_2 - E_1)/h$ 的辐射场中，与入射光子具有相同能量 hv 的原子被辐射出来，高能级原子 E_2 向 E_1 跃迁的过程。受激吸收同受激辐射完全相反，指的是在频率为 v 的辐射场中低能级原子 E_1 吸收能量为 hv 的光子，继而跃迁到 E_2 这个高能级的过程。

自发辐射过程：原子的自发辐射指的是高能级原子 E_2 自发地向处于低能级的 E_1 跃迁的过程，这个过程中原子释放出能量为 hv 的光子。相干性是自发辐射和受激辐射的最大区别，其中受激辐射是相干的，这个过程中辐射光子同入射光子是一种光子态，是受外界辐射场的控制出现的。在相同的辐射场中，大量的粒子受到激励，进而处于同一个光子态或相同的光场模式，然而自发辐射是不相干的，没有受到任何外界辐射场环境的影响，大量原子的自发辐射场的相位呈不规则的状态存在。激光必须由受激辐射过程产生。

激光器的基本组成：光学谐振腔、光放大器及泵浦源是激光器最基本的元件，其中光学谐振腔的主要作用是对轴向光波模进行反馈以及对辐射场的模式进行选择，光放大器的功能是放大弱光信号，而泵浦源的作用是将激光物质转化为激活物质。激光器产生不同波长的激光，作为激光技术的关键，利用许多先进的技术来提高激光的技术指标，增强输出激光的光束质量，从而满足不同的工作条件。根据工作波长、工作物质、运转途径及激励方法可以将激光器分为不同的种类。

1.2　激光技术的应用[3]

激光在医疗、信息、工业、军事等各个领域广泛应用，下面简单列举几个典型应用。

1.2.1　激光测量

激光测量的基本原理是利用光在待测距离的往返时间算出距离，与传统测量方法相比，激光测量具有突出的优势：一方面，激光的工作高度比较高；另一方面，激光测量的精确性比较好。以激光作为测距仪的光源，可以使测距量程大大提高，减少了测量环境限制的影响。由于激光具有良好的单色性和方向性，在一定程度上不仅提高了测量距离的准确度，还缩小了光学系统的孔径、测量仪器的体积和质量。激光测量的方法也多种多样，如按照检测时间方法的不同可分为脉冲激光测距和相位测距。以宇航工作为例，工作人员在地面发射激光，宇航人员在月球反射激光，能够精准计算出月球到地球的距离。另外将网络信息技术与激光技术融合在一起，可以构建三维立体测量图，加快信息数据的传递速度。就目前来看，激光测量设备已经被广泛应用在工程、地质勘探、大气监测等领域，收获了事半功倍的实用效果。

1.2.2　激光通信

激光通信与无线电通信在原理、结构及通信过程方面都是类似的，所不同的是采用了一些光学器件，利用激光作为传递信息的工具，而不用无线电波。激光通信系统包括三个主要部分，即信号发送部分、信号传输部分、信号接收部分。激光通信中，首先将传递的信息，如文字、语言、图像等转变为电信号，再把这个电信号加载到由激光器产生的载波上，其中的调制过程由激光调制器完成，然后激光载着被传递的信号向接收点传播，在接收部分，即把被调制的光信号转换成电信号。接收系统由接收天线、光检测器、信号变换器等组成。为增加接收灵敏度，有时采用光放大、外差接收等技术。

1.2.3　激光加工

激光在机械工业中的应用主要是对材料进行加工处理，如切割、钻孔、焊接、淬火等。在这里，激光主要是作为一个很强的热源来使用，如激光打孔的原理是利用聚焦的激光束使材料表面焦点区域的温度迅速上升，上升的速度非常快，这样，在热量尚未发散之前就可以将焦点区域烧熔，直至汽化，形成小孔，完全不受加工材料硬度和脆性的限制，并且打孔的速度也非常快，由于激光打孔是非接触的，可以防止加工过程中加工部件的玷污，也可以在某些特殊环境中加工，还可利用激光进行打标。激光打标有几点突出优势：其一，适用范围比较广泛，在皮革、纸张、玻璃、陶瓷、塑料等材料上都可进行。其二，自动化程度高，有着无污染、运转成本低的特点，以塑料三极管打标为例，若采取激光打标方法，其作业速度将保持在 10 个/s 的状态，与移印机相比，运转成本低，打标质量更好；其三，与传统打标方法相比，激光打标方法精度较高，以二维码打印为例，若利用激光打标法替代压印打标法，不仅能够提高二维码清晰度，也可增加防伪功能。还可利用激光进行切割，不会增加工件的外力，造成工件裂缝和变形现象。同时，激光切割作为一种无接触切开方式，不存在刀具磨损问题，且适用于各种硬度的材料，更符合机械工业领域生产需求。

1.2.4 激光雕琢

在科学技术水平不断提高的情况下，激光技术也被广泛应用到了雕琢工作中。激光雕琢的形式可分为两种：其一，点阵雕琢法，雕琢过程中需要通过操控激光头左右摇摆雕琢出一条线，这条线是由一系列点组成的，在雕琢完一条线之后，上移或者下移激光头雕琢其他线，直至完成整个图案的雕琢，以矢量化图文为例，都可采用点阵雕琢法完成具体的雕琢工作。其二，矢量切开，它主要是利用雕琢机在图文外轮廓线进行雕琢，整个雕琢过程需要设置相应的雕琢强度、雕琢速度等，同时，在指定激光强度下，雕琢速度与切开深度之间保持着反比例关系。因而，操作人员应根据金属板、有机玻璃、双色板、氧化铝等材料的雕琢要求调控各项参数，达到最佳的雕琢效果。

1.2.5 军事科技

激光可以被应用在军事科技中。自20世纪60年代开始，发达国家就将激光技术应用在军事中，取得了较好的实用效果。比如以激光束作为信息载体的各种激光探测雷达，是一种通过探测距离目标的散射光特性来获取目标的相关信息的光学遥感技术，以激光束取代无线电波，用振幅、相位、频率和偏振来搭载信息，在重复测距的同时，以细激光束对空间进行扫描，把从探测方向返回来的反射光强加以变化，不仅能够精准测距，而且能够精准测速、精确跟踪，具有角分辨率高、距离分辨率高、速度分辨率高、测速范围广、抗干扰能力强等一系列优点，用于目标的跟踪和定位，在军事、航天、航空等多个技术领域有着重要的应用。另外是以激光束为能量载体的各种激光武器，在1.3节中详细介绍。

| 1.3　高能激光器的发展[4-10] |

1.3.1 激光武器

激光武器是一种利用沿一定方向发射的高能激光束攻击目标的定向能武器，有打击速度快、效费比高等优点，在光电对抗、防空和战略防御中发挥独特作用。它分为战术激光武器和战略激光武器两种，将成为一种常规威慑力量。但激光武器存在的问题是不能全天候作战，受限于大雾、大雪、大雨，且激光发射系统属精密光学系统，在战场上的生存能力有待考验。

1.3.2　激光武器的分类及国内外发展现状

按部署方式不同，激光武器可以分为地基激光武器、空基激光武器、海基激光武器和天基激光武器。

1. 地基激光武器

地基激光武器以车载激光武器为代表，把激光器装在坦克和各种特种车辆上，用来攻击敌人的坦克群、火炮阵地以及导弹等武器。地基激光武器国外发展历史及现状见表1－1。

表1－1　地基激光武器国外发展历史及现状

时间	项目
1983 年	美国陆军开始研制"虹鱼"车辆搭载激光
1995 年	美国和以色列开始联合研制"鹦鹉螺"车载战术激光武器系统，其指挥控制中心可同时跟踪 15 个目标，激光束照射 5 s 即可摧毁目标，有效射程 10 km，如果配以强大的电力支持，也可用于攻击飞机
2000 年 6 月 6 日	美国在试验中利用"鹦鹉螺"激光武器成功击落了"喀秋莎"火箭弹
2000 年 8 月底	美国再次击落了 2 枚"喀秋莎"火箭弹
2008 年 9 月	美国完成陆军高能激光技术演示器（HELTD）的耐用型光束控制子系统的全部基础设计审查
2011 年 6 月	美国陆军高能激光技术演示器完成了系统集成
2013 年 12 月	美国陆军首次使用一种车载激光武器（10 kW）成功拦截了飞来的90 枚迫击炮和数架无人机

2. 空基激光武器

空基激光武器是把激光器装在飞机上，用来击毁敌机或者从敌机上发射的导弹，也可攻击地面或者海上的目标。例如，美国的机载激光武器安装在大型宽机身波音 747 飞机上，以高能化学氧碘激光器为基础，主要用于拦截助推段的战区弹道导弹，如"飞毛腿"导弹，据报道有能力完成其他任务，如防御巡航导弹、压制敌方防空、保护高价值的空中资源、成像监视等。空基激光武器国外发展历史及现状见表1－2。

表 1-2　空基激光武器国外发展历史及现状

时间	项目
1983 年	美国空军机载 500 kW 激光炮,把从 A-7"海盗"战斗轰炸机向它发射的 5 枚"响尾蛇"空空导弹击毁,同年 12 月又击落了模拟巡航导弹飞行的靶机
2002 年 7 月 18 日	美国研制出第一架激光攻击机:YAL-1A,是美国机载激光武器(ABL)发展计划的重要内容
2004 年 12 月 3 日	洛·马公司空间系统部研制的 ABL 关键设备——引导激光束摧毁目标的光束控制、火力控制系统(BCFC)"首次飞行"
2007 年 3 月	美国导弹防御局在加州海滨完成了首次机载激光器瞄准系统的飞行发射试验
2007 年 9 月	波音公司开始在机载激光器飞机上安装高能化学激光器
2008 年 5 月	美国波音公司在新墨西哥州的空军基地首次成功进行了 C-130H 飞机机载高能化学激光发射试验
2009 年 8 月	机载激光武器系统成功完成了一次模拟拦截试验,利用一束低能激光束对一个仪器化助推段导弹目标进行了聚焦和定向
2011 年 8 月	美国在佛罗里达埃格林(Eglin)空军基地成功进行 MK38-TLS 演示样机的作战能力评估试验

3. 海基激光武器

海基激光武器是把激光武器装在各种军用舰船上,用来摧毁来袭的飞机和接近海面的巡航导弹、反舰导弹,也可以攻击敌人的舰只等。海基激光武器国外发展历史及现状见表 1-3。

表 1-3　海基激光武器国外发展历史及现状

时间	项目
1971 年	美国启动了发展用于水面舰船防御反舰导弹的高能激光技术计划
1978 年 3 月	美国海军利用氟化氘(DF)化学激光器和光束定向器构成的武器级实验性高能激光系统,成功拦截了以低空、高亚声速横向飞行的 4 枚陶式导弹
1987 年	美国空军两次在典型作战距离上快速、致命地击毁了以低空、亚声速、横向式飞行的 BQM-34 型靶机
1989 年 2 月	美国海军在典型作战距离上成功地摧毁了一枚以低空横向方式飞向该系统附近的"汪达尔人"(Vandal)导弹
1992 年	美国海军完成了高能激光武器舰载安装的可行性研究

续表

时间	项目
1994 年	美国海军进行了用激光拦截迎头飞行的苏制"冥河"导弹的"自防御演示"试验
2000 年	美军航母上装备了"目标"－1 和"目标"－2 两种型号的舰载激光武器
2010 年 3 月	美国海军自由电子激光器（FEL）系统的初始设计
2011 年 4 月	15 km 的海上激光演示器摧毁了一艘小型目标船。就此，海军高能激光武器技术实现了里程碑发展
2014 年	美国海军首次在"庞塞"号军舰上成功部署激光炮并在波斯湾开始服役
2016 年 2 月	德国莱茵金属公司和德国联邦国防军成功对安装在德国军舰上的高能激光武器进行了试验
2019 年	"波特兰号"装备了首台新型激光武器 LWSD
2020 年 5 月	美国"波特兰"号两栖登陆舰（LPD－27）成功地用固态激光击毁了一架无人驾驶飞行器

4. 天基激光武器

天基激光武器预期在 700～1 300 km 的高度部署多颗卫星，每颗卫星将携带捕获、跟踪和瞄准系统以及高能激光器。捕获、跟踪和瞄准系统使用低功率目标照明器，工作方式类似于机载激光系统。高能激光器射程 3 000 km 以上，储存的燃料能与大约 100 个目标交战。天基激光武器系统打算攻击处于助推段的弹道导弹，可提供全天候连续全球覆盖能力，而且不需要事先知道发射点。

激光武器不断向小型化、实用化方向发展。化学激光器由于体积庞大、燃料更换缓慢、战场环境适应性相对差，其实用性受到极大的限制，逐渐被美军所淘汰，所以研究重点逐渐向轻便、小巧、无污染、可连续发光、光束质量好的固体激光器发展。在晶体型固体激光武器和光纤型固体激光武器中后者的发展速度较快，如波音公司的"复仇者"激光武器、BAE 公司的战术激光武器系统、诺·格公司的海上激光演示器和波音公司的陆军高能激光演示器等。激光具有改变战争形态的巨大潜力，一旦武器化将对作战样式产生颠覆性影响，激光武器化的进程不断加速。若激光武器大规模应用于未来实战中，现有的战术弹道导弹、巡航导弹、防区外发射的空地导弹等一类高技术兵器的作战效能及生存能力将受到严重挑战。有进攻，就必须有防御。要加强防御激光武器的技术方法研究，做到攻防双轮驱动，建立防御先手。要想进行有效防御，必须首先了解激光与物质的相互作用原理。

第 2 章

激光与物质的相互作用[11]

当激光照射到材料表面时，激光被反射（或者散射）、吸收和透射，其总和等于入射激光的总能量（或者功率）。当入射激光的光强较低时，材料发生线性响应；当入射激光的光强足够高时，材料发生非线性响应。

从微观机理来看，激光对物质的作用是高频电磁场对物质中自由电子或束缚电子的作用，物质对激光的吸收与物质的结构、电子能带等有关。在激光作用下，金属材料中的自由电子发生高频振动，一部分振动能量通过韧致辐射转变为电磁波（即反射光）向外辐射，另一部分转化为电子的动能，通过电子与晶格之间的弛豫过程转变为热能；电介质材料一般对激光的吸收很弱，对红外光和可见光基本透明，强激光与介质相互作用涉及束缚电子的极化、单光子吸收或多光子吸收而引起电子从价带跃迁到导带，以及多种机制的非线性光学效应；半导体材料对激光的吸收有多种机制，如光致电离、自由载流子吸收等。

激光对材料的破坏效应本质上是激光与材料的相互作用，涉及多学科的交叉与耦合，如光学、热学、力学等，是一个非常复杂且多变的物理化学过程。其主要的破坏效应有三大类：热破坏效应、力破坏效应和辐射破坏效应。

（1）热破坏效应。材料吸收激光能量，造成本身的温度剧烈升高，引起其热物理性能、力学性能发生改变，如强度、刚度下降等，当功率密度足够高或辐照时间足够长时，可能使材料熔化，甚至汽化，造成永久性破坏。

（2）力破坏效应。强能量、短脉冲的激光辐照材料时，等离子体和汽化物质会在极短时间内向外高速喷射，对材料造成冲击作用。如果其大于材料本身的断裂强度，则发生断裂。

（3）辐射破坏效应。在较高的温度下，材料蒸汽被高能激光击穿，发生电离现象，产生大量的等离子体，伴随着持续向外界反射紫外线和伦琴射线，这两类射线的毁伤效果并不直接体现在材料上，而是通过对光学器件、电子精密仪器的"软影响"发挥作用，比如导致装备的"致盲效果"，无法发挥各类传感器的正常功能。

根据目前激光武器技术的发展，其主要以连续激光造成的热破坏效应为主，下面详细介绍热破坏可能涉及的各个过程。

|2.1　激光的反射和吸收|

光波从一种介质传入另一种介质时会形成反射光与折射光，反射光重新回到原介质中，对入射光形成一部分的能量衰减；折射光进入介质后继续发生反射或吸收。光作为一种能量流在穿过介质时，会引起介质的价电子跃迁或使原子振动而消耗能量。此外，介质中的价电子会吸收光子能量而激发，当尚未退激而发出光子时，在运动中与其他分子碰撞，电子的能量转变成分子的动能亦即热能，从而构成光能的衰减。即使在对光不发生散射的透明介质（如玻璃、水溶液）中，光也会有能量的损失，即光的吸收。

光是电磁波，激光在介质中传播时遵循 Maxwell 方程。设 ε 为介质的介电常数，σ 为介质的电导率，介质中电场强度 E 表示为

$$\nabla^2 E = \frac{\varepsilon}{c^2} \frac{\partial^2 E}{\partial t^2} + \frac{\sigma}{\varepsilon_0 c^2} \frac{\partial E}{\partial t} \tag{2-1}$$

式中，c 为光速。当入射光为平面波，且沿 Z 方向传播时，有

$$E = E_0 \exp\left[i\omega\left(\frac{nz}{c} - t \right) \right] \tag{2-2}$$

式中，n 为复折射系数，且 $n = n_1 + in_2$。将式（2-2）代入式（2-1），得

$$n^2 = (n_1 + in_2)^2 = \varepsilon + i\frac{\sigma}{\varepsilon_0 \omega} = \varepsilon_1 + i\varepsilon_2 \tag{2-3}$$

$$\varepsilon = n_1^2 - n_2^2 \tag{2-4}$$

$$\frac{\sigma}{\varepsilon_0 \omega} = 2n_1 n_2 \tag{2-5}$$

介质对激光的反射系数 R 和吸收系数 α 分别表示为

$$R = \left| \frac{n-1}{n+1} \right|^2 \tag{2-6}$$

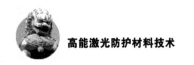

$$\alpha = \frac{4\pi \mathrm{Im}(n)}{\lambda} \tag{2-7}$$

吸收系数 α 的倒数称为吸收长度。材料对光的反射、吸收取决于多种因素，主要与原子和分子的电子结构、入射光的波长等有关。吸收系数直接决定着材料吸收光束能量的大小。当辐照度为 I 的激光光束垂直入射到材料的表面时，沉积在深度为 z 处的功率密度为

$$J(z) = I(1-R)\alpha\left\{1 - \exp\left[-\int_0^z \alpha(z)\,\mathrm{d}z\right]\right\} \tag{2-8}$$

这个表达式代表了所谓的"次级源"，指数函数中的积分式，称为材料的光学厚度（由 0 到 z）。当介质为不透明材料时，有 $z \gg 1/\alpha$，材料吸收的能量由 $(1-R)$ 决定，也称为吸收系数。

|2.2 材料的温升|

材料吸收的激光能量将转化为热能，该热量通过热传导在材料内扩散，并形成温度场。当激光能量或功率足够大时，沉积的激光能量导致物质的特性和状态发生变化，如微观上的电子或空穴的激发、跃迁，分子的解离和原子的电离等；宏观上则表现为温升、膨胀、熔融、汽化等，导致材料的破坏。

在激光的功率密度不是很高的情况下，材料吸收激光能量，引起材料表面温度上升，但还不足以上升到相变温度时，激光对材料的辐照表现为材料的温升效应。

对于各向同性的均匀材料，非稳态热传导偏微分方程的一般形式为

$$\rho c_t \frac{\partial T}{\partial t} = \frac{\partial}{\partial x}\left(\lambda_t \frac{\partial T}{\partial x}\right) + \frac{\partial}{\partial y}\left(\lambda_t \frac{\partial T}{\partial y}\right) + \frac{\partial}{\partial z}\left(\lambda_t \frac{\partial T}{\partial z}\right) + Q(x,y,z) \tag{2-9}$$

式中，ρ 为材料的密度；c_t 为比热容；T 为材料的温度；t 为时间；λ_t 为材料的热导率；Q 为材料单位时间单位体积的发热量。在激光与物质作用的过程中，一般材料中不存在体积热源，则有 $Q = 0$。

激光辐照材料的过程是表面加热过程，因而可按一定的边界条件来处理。为了简单起见，假定 λ_t 不随温度和位置变化而变化，式（2-9）可变为

$$\frac{1}{a_t}\frac{\partial T}{\partial t} = \frac{\partial^2 T}{\partial x^2} + \frac{\partial^2 T}{\partial y^2} + \frac{\partial^2 T}{\partial z^2} = \nabla^2 T \tag{2-10}$$

式中，a_t 为材料的热扩散率，且有 $a_t = \dfrac{\lambda_t}{\rho c_t}$；$\nabla^2$ 为拉普拉斯算符。

如果忽略材料表面的热对流和辐射对流，且近似认为材料的表面为绝热边界，在激光辐照区域内沿法线方向的温度梯度为

$$\eta I = -\lambda_t \frac{\partial T}{\partial n} \qquad (2-11)$$

式中，η 为材料的表面对激光的吸收系数；I 为辐照材料表面的激光辐射功率密度。

|2.3　材料的熔融|

当一定强度的激光照射到材料表面时，材料表面温度升高，一旦表面温度达到熔点 T_m，熔化波前（$T = T_m$ 的等温面）将以一定的速度向材料内部传播。熔化波前传播的最大距离称为最大熔化深度。为使问题简化，假定在激光加热和熔化的时间内，材料的热特性参数保持不变，激光强度恒定并且均匀地作用于材料表面，熔化区（液相区）也均匀地出现在某一平面上。为了方便起见，材料熔融后的参数加下标 l 表示，并假设等温面的位置为 $z(t)$，此时热传导方程为

$$\begin{cases} \dfrac{\partial^2 T_l(z,t)}{\partial^2 z} - \dfrac{1}{\alpha_{tl}} \dfrac{\partial T_l(z,t)}{\partial t} = 0, 0 \leqslant z < Z(t) \\ \dfrac{\partial^2 T(z,t)}{\partial^2 z} - \dfrac{1}{\alpha_t} \dfrac{\partial T(z,t)}{\partial t} = 0, Z(t) \leqslant z < \infty \end{cases} \qquad (2-12)$$

边界条件为

$$-\lambda_{tl} \frac{\partial T_l(z,t)}{\partial z} = A_l I, z = 0 \qquad (2-13)$$

$$T(z,t) = T_l(z,t) = T_m, z = S(t) \qquad (2-14)$$

$$\rho L \frac{\mathrm{d} Z(t)}{\mathrm{d} t} = \lambda_t \frac{\partial T(z,t)}{\partial z} - \lambda_{tl} \frac{\partial T_l(z,t)}{\partial z}, z = Z(t) \qquad (2-15)$$

$$T(z,t) = T_0, z \to \infty \qquad (2-16)$$

初始状态

$$Z(t) = 0, t = t_m \qquad (2-17)$$

式中，T、T_l 分别为材料的固相、液相温度；λ_t、λ_{tl} 分别为材料的固相、液相的热导；$\alpha_t = \lambda_t / \rho c$，$\alpha_{tl} = \lambda_{tl} / \rho_l c_l$，其中 α_t、α_{tl} 分别为材料的固相、液相的热扩散系数，ρ、ρ_l 分别为材料的固相、液相的密度，c、c_l 分别为材料的固相、液

相的比热。

假设材料的液态和固态区域的温度分布为

$$T_l(z,t) = T_w(t) e^{-z/\delta_l(t)} \tag{2-18}$$

$$T(z,t) = T_m(t) e^{-z-S(t)/\delta_s(t)} \tag{2-19}$$

式（2-18）、式（2-19）满足式（2-13）~式（2-16）的边界条件，并且 $\delta_l(t)$，$\delta_s(t)$ 分别为液态和固态的温度扩散深度函数。在 $z=0$ 时，式（2-13）满足方程（2-18）；在 $z=Z(t)$ 时，将式（2-15）代入式（2-19），得到

$$\frac{d T_w(t)}{dt} - \frac{\alpha_{tl} T_w(t)}{\delta_l^2(t)} = 0 \tag{2-20}$$

$$\frac{dZ(t)}{dt} = \frac{\alpha_t}{\delta(t)} \tag{2-21}$$

将式（2-13）代入式（2-20），得到

$$\frac{\lambda_{tl} T_w(t)}{\delta_l(t)} = \eta_l I \tag{2-22}$$

将式（2-13）和式（2-14）代入式（2-22），并利用式（2-21），得到

$$\frac{dZ(t)}{dt} = \frac{T_m}{\rho_s L}\left(\frac{\lambda_{tl}}{\delta_l(t)} - \frac{\lambda_t}{\delta(t)}\right) \tag{2-23}$$

由式（2-20）~式（2-23），可以得到

$$T_w(t) = \left[\frac{2\alpha_{tl}\eta_l^2 I^2}{\lambda_{tl}^2}t + C_0\right]^{1/2} \tag{2-24}$$

$$\delta_l(t) = \frac{k_l}{A_l I}\left[\frac{2\alpha_{tl}\eta_l^2 I^2}{\lambda_{tl}^2}t + C_0\right]^{1/2} \tag{2-25}$$

$$\delta_s(t) = \frac{\rho L}{\eta_l I T_m}\left(\alpha_t + \frac{T_m \lambda_t}{\rho L}\right)\left[\frac{2\alpha_{tl}\eta_l^2 I^2}{\lambda_{tl}^2}t + C_0\right]^{1/2} \tag{2-26}$$

$$Z(t) = \frac{\lambda_{tl}}{\eta_l I}\left[\frac{2\alpha_{tl}\eta_l^2 I^2}{\lambda_{tl}^2}t + C_0\right]^{1/2}\ln\frac{\left[\frac{2\alpha_{tl}\eta_l^2 I^2}{\lambda_{tl}^2} + C_0\right]^2}{T_m} \tag{2-27}$$

其中 $C_0 = T_m^2 - \dfrac{\alpha_{tl}\lambda_t^2 \eta_l^2}{\alpha_t \lambda_{tl}^2 \eta_s^2}(T_m - T_0)^2$

由式（2-15）可得，当材料表面的温度 $T_w(t) + T_0$ 达到材料的熔融温度 T_m 时，材料开始熔化。材料熔融的时间为

$$t_m = \frac{(T_m - T_0)^2 c_d \rho \lambda_t}{2(\eta p)^2} \tag{2-28}$$

|2.4　材料的汽化和烧蚀|

当辐照材料的激光具有较高功率时，材料由于吸收激光能量而发生汽化和烧蚀，形成材料的质量迁移，靶蒸汽沿着靶表面法线方向喷出。

材料从熔液（或者直接从固相）转变为蒸汽，属于一级相变。在激光汽化、质量迁移、蒸汽光学击穿和激光烧蚀等问题的研究中，材料的蒸汽压力对温度的依赖关系起着重要作用。

激光照射下材料表面层因各种机制引起的质量迁移、销蚀或散失现象称为激光（热）烧蚀。单位体积材料汽化所需要的能量为

$$q_v \approx \rho\left[L_m + L_v - Q_c + c_v(T_v - T_0)\right] \qquad (2-29)$$

式中，Q_c 为化学反应释能。如果材料没有确定的熔点、汽化点等，q_v 可定义为维持材料固体形态所需的结合能。$Q^* = (q_v/\rho)$ 是材料性质的一个理论参数，称为有效烧蚀能。

|2.5　材料的热应力|

激光的典型特点是能量高度局域化，因此这种点热源辐照到材料表面时，材料因吸收能量而形成一个分布不均匀的温度场，由于材料是不连续分布的介质，各部分不能自由膨胀且相互制约，从而产生热应力。如果材料熔融，密度的变化很大，在激光照射过后，材料快速冷却、凝固，凝固后的材料密度一般低于辐照前的凝聚相密度，并且密度的空间分布是不均匀的，这也会产生热应力。在产生热应力的部位，可能产生裂纹，甚至发展成局部的破坏。这种应力主要是材料受热引起的，因而又称为热应力。

第 3 章

激光防护技术

为了对抗激光武器的威胁，必须将装备与人员自身生存力作为第一要素考虑，运用阶梯式原理：首先是不被探测；如被探测，求不被击中；如被击中，求不被摧毁。因此发展了抗激光侦察与追踪以及抗激光毁伤材料技术。

3.1 抗激光侦察与追踪[12-15]

3.1.1 抗激光侦察技术

高能激光武器主要利用雷达、红外及激光探测器捕捉目标，可通过降低目标的雷达检测信号、红外特征及激光回波信号，增加高能激光武器捕捉目标的困难，从而达到防止被激光摧毁的目的。这里主要介绍飞行目标的激光隐身技术。

1. 激光隐身原理

激光隐身是通过降低目标对激光的回波信号，使目标具有低可探测性。要实现激光隐身，最重要的是减少目标的激光雷达散射截面（LRCS）。

激光雷达散射截面是描述目标对照射到其表面的激光的散射能力的物理量，用于评价目标的激光隐身效果。激光反射波的能量大小与目标的反射率和被照射部分的面积密切相关。物体的激光散射截面被定义为在激光雷达接收机上产生同样光强的全反射球体的横截面积，即

$$\sigma = \frac{4\pi\rho A}{\Omega_r} \qquad\qquad (3-1)$$

式中，Ω_r 为目标散射波束的立体角；ρ 为目标反射率；A 为目标的实际投影面积。很明显，不同类型目标的激光雷达散射截面不同。从式（3-1）中可以看出，与目标有关的参数是目标反射率 ρ、目标的实际投影面积 A 和目标散射波束的立体角 Ω_r，所以，要降低激光雷达散射截面就必须减小 ρ、A，增大 Ω_r。其中，减小 A 和增大 Ω_r 可以通过外形技术来解决，这是总体设计人员要考虑的问题。同时，通过材料技术可以显著降低 ρ，是材料研究者可以关注的一个重要方面。

对同一波长的光来说，材料的吸收率 α、反射率 ρ 及透射率 τ 满足式（3-2）的关系：

$$\alpha(\lambda, T) + \rho(\lambda, T) + \tau(\lambda, T) = 1 \qquad\qquad (3-2)$$

从式（3-2）中可知，要想减小 ρ（λ，T），可以通过增大 α（λ，T）和 τ（λ，T）得到。因此可采用吸收材料、透射材料、导光材料等技术来实现激光隐身。其中透射材料是让激光透过目标表面而无反射，即激光透过材料后，必须存在激光光束终止介质；导光材料是使入射到目标表面的激光能够通过某些渠道传输到另外一些面或其他方向上去，以减少直接反射回波。透射材料和导光材料这两种隐身材料实现起来有一定困难，所以目前研究最多的是吸收材料。

2. 激光隐身材料

1）激光吸收材料

激光吸收材料通常对激光信号吸收强，从而降低了激光反射信号强度，还可以改变发射激光的频率，使回波信号偏离激光探测波段。激光吸收材料从使用方法上可分为涂覆型激光吸收材料和结构型激光吸收材料。

涂覆型激光吸收材料是在目标表面涂覆吸收材料或利用涂料降低目标表面的光洁度，使目标反射信号强度减弱。据报道，国内研制出的在 1.06 μm 附近具有良好激光隐身效果的激光隐身涂料，其反射衰减可达 23.25 dB，并且能够和可见光伪装兼容。它是通过在黏合剂中添加强激光吸收材料，并通过特殊的工艺使涂层具有特定的微粒微孔结构来实现激光隐身的。

结构型激光吸收材料是将一些非金属基质材料制成蜂窝状、层状、棱锥状或泡沫状，然后涂覆吸收材料或将吸波纤维复合到这些结构中。这样既降低了反射激光信号的强度，又延长了反射光的到达时间。结构型激光吸收材料因其轻质、高强和吸波等特点，受到国内外的高度重视。

（1）纳米材料。纳米材料具有极好的吸波特性，具有频带宽、兼容性好、质量小和厚度薄等特点，是一种有发展前途的激光隐身材料。这是因为：①纳米微粒尺寸远远小于 $1.06~\mu m$ 和 $10.6~\mu m$ 的激光波长，因此纳米材料的透射率要强于常规材料，这样就减少了激光的反射率；②纳米材料的比表面积很大，对激光的吸收率也就相应地大；③纳米微粒的量子效应使其具有高度的光学非线性，可以吸收离散的能级从而达到隐身效果。

（2）半导体材料。半导体材料具有特殊的光、电、磁等性能，当半导体内等离子波长大于入射光波长时，半导体有低反射率，且半导体的等离子波长取决于其载流子浓度。有研究人员针对氧化锡（SnO_2）开展了研究，其为 n 型半导体，以 SnO_2 为主要原料，通过二价离子和五价离子的掺杂取代，使 SnO_2 晶格内产生缺陷，控制载流子浓度，可以改变掺杂半导体化合物等离子波长，使其在 $1.06~\mu m$ 波长附近产生强吸收，从而提高材料的激光吸收性能。除了 SnO_2 外，作为研究对象的半导体材料还有 In_2O_3 和 ITO（氧化铟锡）等。

（3）光谱转换材料。利用对激光具有"光谱位移"效应的吸收材料，通过与入射激光的谐振作用，可充分吸收入射激光，而使出射激光偏离入射激光的波长。根据光谱转换材料的发光机理，可吸收多个低能量的长波长光子，经多光子加和后发出高能量的短波辐射，利用它对激光频率的转换特性来降低激光回波反射的能量，有研究人员选择将对 $1.06~\mu m$ 波长的激光有强吸收和光谱转换效率的稀土离子，如 Sm^{3+}、Tm^{3+}、Er^{3+} 等，掺杂在基质体系中，使 $1.06~\mu m$ 的光转换为其他波长的光，从而达到激光隐身的目的。

2）激光与其他波段的复合隐身

多波段隐身材料的特征是：在可见光（含近红外光）波段迷彩[①]；在红外光（中红外光、远红外光）波段低辐射（或迷彩）；在雷达波段（米波、毫米波、微波）高吸收；在激光波段低反射、高吸收、高散射和强折射。多波段复合隐身难度很大，是目前研究人员发展的一个主要研究方向。

（1）激光/红外复合隐身。激光/红外复合隐身在某些方面是存在一定矛盾的，因为激光隐身需要目标具有低的反射率，而红外光隐身通常需要目标具有低的发射率。通常，对于不透明涂料，其反射率低则发射率必然高，反之亦然。据报道，国内主要对 $1.06~\mu m$ 激光与中远红外复合隐身涂料进行了研究，要得到性能良好的激光/红外复合隐身材料，还有很多地方需要突破。

（2）激光/雷达复合隐身。激光隐身主要是通过分子共振和特殊的表面微

---

① 光学迷彩指纳米计算机采集周围环境信息后，改变自身亮度或颜色，来达到和周围环境融为一体的效果。

粒微孔结构来吸收激光，而雷达隐身则是通过电损耗和磁损耗的作用，使进入材料的雷达波转换为热能损耗掉。因此，有研究人员利用某些激光吸收涂层对雷达波的透明性，将激光隐身涂料涂在雷达隐身涂料表面，制备成双层涂覆隐身材料。当雷达波入射到激光隐身涂料上时几乎不反射，主要由下层雷达波隐身涂料吸收，从而达到激光与雷达的复合隐身。另外，研制一种同时具有吸收两种机理的材料也是一条实现激光与雷达复合隐身的途径，目前有研究人员证明具有此种性质且实验室实际使用的材料有半导体材料 ITO 和碳纳米管薄膜等。

（3）激光/毫米波复合隐身。同激光/雷达复合隐身原理相似，近红外激光隐身涂料对毫米波具有透明性，利用这一特性，有研究人员将激光隐身涂料涂覆在毫米波隐身涂层表面，制备出毫米波与激光复合隐身涂层。

3.1.2　抗激光追踪技术

抗激光追踪技术有多种，下面简单介绍通过机动飞行技术、多假目标技术、提高突防速度以及协同作战、编队突防实现抗激光追踪。

1. 机动飞行技术

高能激光武器需要持续追踪目标一定时间，才能实现摧毁目标的目的，特别是致盲或摧毁导弹等飞行目标，激光武器在目标的某一固定点需要持续攻击一定的时间。采用机动飞行技术则可以避免激光武器较长时间对飞行器固定部位的持续攻击，以分散破坏能量，使激光能量无法在构件的某个固定部位得到迅速积累，从而达到防护目的。

2. 多假目标技术

利用多个飞行目标降低其追踪效率，例如，在发射真导弹的同时发射一些假导弹，它们只有一些简单制导系统而无弹头，代价低廉，其尾焰、外形与真导弹一样。这种大范围、多方向、多目标的进攻，将可能致使对方激光武器防御系统过早启动，能源消耗，捕获与跟踪忙乱，形成"饱和"，由此降低激光武器的效能。另外有研究人员提出在导弹发射时伴随发射一些小而轻的金属片云，一方面可反射强激光，另一方面可造成众多的假目标。

3. 提高突防速度

飞行器利用高速或末段加速等变速飞行，可以大大缩短防御方监视预警、搜索跟踪和光束控制等系统的反应时间。例如，同样飞行 10 s，马赫数 0.7 的

导弹飞行距离不到 2.4 km，而马赫数 3 的导弹可飞行 10 km，大大缩短了激光武器的攻击时间。如 MBDA 公司的 CVS302 武器系统的 HOPLITE 导弹在飞行末段锁定目标之后，能够在飞行过程中将导引头和弹体抛弃，仅释放携带有助推器的战斗部加速攻击目标。

4. 协同作战、编队突防

以导弹作战为例：利用多枚或多种飞航导弹协同作战，采用组合突防的战术，可以更好地干扰激光武器系统的跟踪判断和光束控制等系统，进而削弱激光武器的作战效能，达到成功突防的目的。据报道，美国阿利·伯克级驱逐舰每艘舰配置 2 座"密集阵"系统，类似于非直瞄发射系统（NLOS – LS）等智能导弹武器系统，对其进行打击时，通过网络技术进行多方向协同作战，能够有效应对激光武器的威胁。

3.2 抗激光毁伤材料技术[11,14,16]

当目标被激光武器探测到，并被击中时，可采用抗激光毁伤材料实现激光防护目的。根据激光的破坏杀伤机理与效应可分为软杀伤和硬杀伤。

3.2.1 软杀伤型激光防护

激光武器的破坏杀伤效果与激光强度、波长等激光武器本身的因素和目标的材料性质、环境参数以及激光与目标作用的距离和时间有关。

低能激光武器可以直接干扰、致盲、致眩各种装备中的光电装置。激光致盲式干扰手段是利用波长合适、功率适当的强激光直接照射对方的光电系统，使其内部的光电探测器暂时或永久性"失明"。这种干扰方式无须考虑对方的脉冲调制、选通波门等参数，在技术上，尤其是在防空作战中是可行的。激光致盲的作用主要是破坏光电器件和光学系统。根据激光束作用对象是光电传感器、光学系统还是武器装备的外壳（如整流罩），所需要的激光能量或功率有很大的差异。激光致盲所需要的激光器，在满足战术要求的前提下，应综合考虑激光输出功率、激光转换功率、激光波长和大气窗口等因素，选用峰值功率高、脉冲宽度窄的激光器。因此目前选用的激光器主要是固体激光器的 Nd：YAG 激光器、倍频 Nd：YAG 激光器，个别系统还采用了金绿宝石激光器和 CO_2 气动激光器等。

　　近年来，在激光武器的研制中，激光致盲、致眩武器因其造价低、能耗小、技术难度小而异军突起，发展很快。根据公开报道，目前已进入工程研制的激光致盲设备有美国的"罗盘锤"高级光学吊舱、"贵冠王子"机载激光系统、"浮雕宝石－蓝鲣鸟"（Cameo Bluejay）轻型激光致盲武器及"Stingray"系统。舰载激光致盲武器是现代海战中一种非常有效的光电对抗武器。

　　目前针对激光的软杀伤防护，有基于线性光学原理的激光防护材料技术、基于非线性光学原理的激光防护材料技术以及基于其他原理的激光防护材料技术。

1. 基于线性光学原理的激光防护材料技术

　　基于线性光学原理的激光防护材料技术主要包括以下几种。

　　1）吸收型防护

　　该防护原理是通过吸收介质吸收入射激光，使激光能量减弱，以达到防护激光的目的。目前发展的防护材料有塑料和玻璃等。这种防护材料技术需要注意的是由于吸收激光能量可能导致防护材料的损伤，另外还需要注意光的锐截止性能、对可见光的透过率的影响等。

　　2）反射型防护

　　该防护材料技术可通过薄膜设计和镀膜工艺，在光学镜片表面镀制特定的材料或特定厚度的多层介质的光学薄膜。这些薄膜通过镜面产生的干涉作用反射特定波长的激光，使其不能通过镜片，实现对激光的防护。这种防护材料技术需要注意的是防护的波长以及防护角度。

　　据报道，美国陆军曾研制出一种组合式层状结构防护镜，利用多层介质膜对特定波长激光的反射衰减，达到激光防护效果，该防护镜可防护 532 nm、694 nm 和 1 064 nm 三种激光波长且可见光透过率可达 73%。

　　3）复合型防护

　　该防护材料技术是在吸收型防护材料的表面镀上反射膜，兼有吸收型和反射型两种防护材料的优点，但需注意成本，可见光透过率相对于反射型防护材料有很大程度的下降。

　　另外，常见的激光防护还有相干型防护、全息型防护、微爆炸型防护、光化学反应型防护、光电型防护和微晶玻璃型防护等。

2. 基于非线性光学原理的激光防护材料技术

　　非线性光学效应陆续被发现，1961 年，Franken 将红宝石激光束入射到石英片上，发现出射光束中不仅有波长 694.3 nm 的红宝石激光束，还有另外一条 346.2 nm 的紫外光束，这就是二次谐波（或倍频，SHG）现象。1961 年，Kaiser 和 Garrett 观察到激光辐射的双光子吸收（TPA）。1962 年，Woodbury 发现受激拉曼散射（SRS）现象，后来受激布里渊散射（SBS）、和频振动光谱（SFG）、差频以及光学参量振荡器（OPO）、自聚焦（SF）、饱和吸收（SA）、四波混频（FWM）等效应也被人们发现。

非线性光学原理应用于激光防护，是由于其在强激光下表现出来的光限幅效应。光限幅效应是由 J. P. Gordon 等于 1965 年首次报道的；1967 年，R. C. C. Leite 等使用硝基苯实现了激光的热自散焦光限幅，首次从实验上证实了光限幅效应。

基于非线性光学原理的激光防护材料技术也就是激光限幅器，其为一种被动式激光防护装置。所谓激光限幅器，就是在输入光强或能流密度低于某一值（称为限幅阈值）时，系统具有高的透过率，输出光强或能流密度随着入射光强或能流密度的增加而近似线性增加；当输入光强或能流密度超过限幅阈值时，具有低的透过率，从而把输出的光限制在一定的功率或能量下。

理想的被动式激光限幅器输入 – 输出特性曲线如图 3 – 1 所示。开始时，透过率随着激光入射能量的增加而线性增加；当入射能量增加至某一阈值时，透过的能量不再随着入射能量的增加而增加，而是维持在一个固定的输出值上，此时的入射能量定义为该样品的限幅阈值 E_L，对应的透过能量定义为该样品的输出幅值 E_{max}，可表示为 $E_{max} = E_L \times T_L$，T_L 为样品的初始透过率。根据工作机理，激光限幅器可分为多种类型。

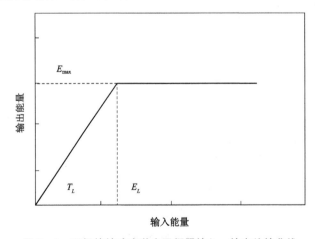

图 3 – 1　理想的被动式激光限幅器输入 – 输出特性曲线

1）反饱和吸收型

反饱和吸收是指吸收系数随入射光强的增加而增大。一般而言，当分子体系的激发态吸收截面 σ_1 大于基态吸收截面 σ_0 时产生反饱和吸收。反饱和吸收输出光强与输入光强的限幅特性曲线如图 3 – 2 所示。设光束的传播的方向为 Z，光强在反饱和介质中传输方程为

$$\frac{\mathrm{d}I}{\mathrm{d}Z} = -\left[\,(N_T - N_1)\,\sigma_0 + N_1\sigma_1\,\right]I \tag{3 – 3}$$

式中，N_T 为微小距离 $\mathrm{d}Z$ 内单位面积上的活性分子总数；N_1 为激发态能级上的布居。

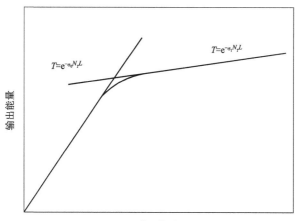

图 3 – 2　反饱和吸收输出光强与输入光强的限幅特性曲线

当入射光强较低时，样品的吸收是基态的吸收，透过光强为 $I_{\mathrm{out}} = I_{\mathrm{in}}\exp\left(-\sigma_0 N_T L\right)$（$L$ 为样品厚度），随着入射光强的增加而增大，透过率 $T = \exp\left(-\sigma_0 N_T L\right)$；当入射光强足够高时，基态粒子数耗尽，激发态充分地布居，此时样品中的吸收以激发态吸收为主，样品透射光强近似表示为 $I_{\mathrm{out}} = I_{\mathrm{in}}\exp\left(-\sigma_1 N_T L\right)$，透过率为 $T = \exp\left(-\sigma_1 N_T L\right)$，此时虽然透射的光强仍然随着输入光强的增加而增大，但增大的速度要小许多。为优化限幅性能，激发态吸收截面与基态吸收截面的比、五能级系统中三重态的寿命以及系际交叉率应当足够大，使限幅器对高强度入射的透射达到最小。

2）双光子吸收型

双光子吸收是指介质先吸收一个光子，从基态跃迁到一个中间的虚能态，然后再吸收一个光子到终态。光强传输方程为

$$\frac{\mathrm{d}I}{\mathrm{d}Z} = \alpha I + \beta I^2 \tag{3 – 4}$$

其中，α 为线性吸收系数；β 为双光子吸收系数。在低光强入射情况下，α 值比较小，介质高透明；在高光强入射情况下，介质吸收增强，从而实现限幅效

应。实际上，介质中还可能有双光子吸收诱导的激发态吸收效应，从而增大介质的光限幅性能。

3）非线性折射型

非线性折射包括自聚焦、自散焦和光折变三种类型。当激光光束在非线性材料中传输时，非线性材料的折射率 n 表示为

$$n = n_0 + n_2 I \qquad\qquad (3-5)$$

式中，n_0 为材料的线性折射率；n_2 为材料的非线性折射率。当 $n_2 > 0$ 时，激光光束发生自聚焦效应；当 $n_2 < 0$ 时，激光光束发生自散焦效应。基于自聚焦和自散焦效应的光限幅器是很有前途的一类限幅器。这类限幅器的机理是基于电子 Kerr 效应相关的以及自由载流子产生的非线性折射，实际上其他的许多过程，如分子重新取向、吸收饱和以及光致热效应也产生光限辐的非线性折射。

光折变型激光限幅器是利用光折变效应引起散射光放大，使入射光向散射光转移能量，从而限制透射光的光强。

有研究人员对硼硅酸盐玻璃进行了不同稀土元素以及不同浓度的掺杂，研究发现，随着稀土离子的掺入，该硼硅酸盐玻璃的三阶非线性折射和吸收系数较基质玻璃有明显的增大，尤其是 Nd、Er、Ho 三种稀土元素掺杂的玻璃，三种稀土离子的掺入提高了硼硅酸盐玻璃在 532 nm 处的激光防护性能。

4）光致散射型

光致散射是利用光信号在介质中引起的散射中心，使给定的立体角内通过介质的光强减小，从而起到对探测器的保护作用。光致散射型限幅器通常使用液体介质，因为液体介质中，如果没有发生化学或结构的分解，被激液体会很容易恢复平衡，即使发生分解，被照射部分也能通过扩散或者对流而恢复。

散射可以有很强的方向性或均匀性，这依赖于散射中心的大小。产生散射中心的方法很多，如光热使液体中产生的气泡形成散射核，Asher 等提出了光致晶体光栅，而 Peterson 分析了受激布里渊散射、受激拉曼散射和受激瑞利散射在光限幅中的应用。

除了以上几种类型外，还有全内反射激光限幅、光学双稳光限幅等。然而，寻找和研究一种响应时间快、限幅阈值低、动态范围大、使用波段宽的非线性材料是研究人员迫切需要解决的问题。

3. 基于其他原理的激光防护材料技术

1）基于相变原理的激光防护材料技术

基于相变原理的激光防护材料技术是 20 世纪 80 年代后发展起来的一种新型的激光防护材料技术。目前研究最多的相变材料是二氧化钒（VO_2）薄膜。

因为 VO_2 相变温度接近于室温，VO_2 薄膜发生相变需要的激光能量小、输出阈值低。

　　VO_2 是一种热致相变材料，在室温附近为单斜结构，呈半导体态，当温度上升到 68 ℃左右时，转变为正交结构，呈金属态。随着相变的发生，特别是红外波段的光学常数发生变化，利用这种突变实现对强激光的防护。VO_2 的相变如图 3 – 3 所示。

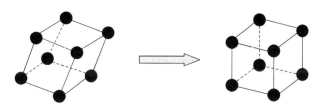

图 3 – 3　VO_2 的相变

　　2）基于反射膜破坏的激光防护材料技术

　　在系统原有结构中加入一个反射结构，比如在反射镜上蒸镀特殊材料的反射膜，当入射激光能量较低时，激光经反射镜反射进入系统中，系统正常工作；当入射激光能量高于某一阈值时，反射膜被破坏，绝大部分的入射光被透射、吸收和散射，而进入系统中的光能很少，从而实现对强激光的防护，如图 3 – 4所示。

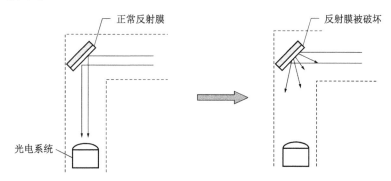

图 3 – 4　反射膜破坏的激光防护技术

3.2.2　硬杀伤型激光防护

　　激光硬杀伤预期可以对付精确制导武器、空间武器，以及遏制大规模导弹进攻，用于防空，保护作战部队、大型舰船和重要设施等。激光武器拦击飞行目标的主要方式有：①完全摧毁；②破坏壳体；③毁伤整流罩、天线等；④攻击目标指示装置；⑤引爆弹头等。这类激光武器需要平均功率几十万瓦至几兆

瓦的高能激光器，由于对目标进行致命性杀伤所需的能量决定着激光武器的尺寸与重量，因此未来发展的新一代激光武器的基本思路是寻求节能型杀伤方式，以最小限度的破坏实现致命效果。这意味着利用小直径、高辐照度的激光束照射目标，这种硬杀伤方式已在几项不同的激光器发展计划中得到演示验证，1996 年 2 月 TRW（天合）公司研制的高能激光器在白沙导弹试验场击落了一枚短程火炮火箭，其后的 4 年多的时间里，击落了 20 多枚火炮火箭。

当一束高能激光照射至材料表面时，将与被辐照的材料发生一系列复杂的物理化学作用，导致损伤及破坏。总体来说，这一过程总共分为三个阶段。第一阶段，激光与表面物质作用，通过材料与激光的耦合作用，在一定趋肤深度内将激光能量吸收；第二阶段，激光能量在材料内部转化及传导；第三阶段，激光能量耗散。激光防护材料技术正是分别基于激光与材料相互作用的不同阶段，下面介绍根据每一阶段的关键性过程进行具有针对性的防护。

1. 基于减小能量耦合的防护材料技术

能量耦合就是物质对激光的吸收，由于工程应用的大部分材料是不透明的，因此可以通过提高反射率减小能量耦合。

1）金属类高反射率激光防护材料

根据上述激光与材料相互作用机理的分析可知，具有大量自由载流子的材料一般在宽泛的波长范围内具有高的反射率，并且其自由载流子浓度越高，以及直流电导率越高，其反射率一般也较高，对于减小激光耦合的作用越明显。

由表 3-1 中数据可知，Ag、Cu、Au、Al 等具有高的电导率，因而可作为激光防护材料。Ag 和 Au 具有非常高的电导率，且耐腐蚀能力强、熔点高，因此可以作为激光防护材料应用，但其高的密度及价格却限制了其在一般防护领域的应用。Cu 和 Al 由于高的电导率及热导率，特别是 Al，具有合适的密度及价格，在激光防护领域被广泛应用。Robert W. Milling 等在美国专利 3986690 中便使用 Al 在飞机蒙皮下方作为反射层，保护飞行器免受激光毁伤。

表 3-1　常见金属电导率及熔点

名称	符号	电导率	熔点/℃
银	Ag	108.4	962
铜	Cu	103.06	1 083
金	Au	73.4	1 064
铝	Al	64.96	660.2
镁	Mg	38.6	650

名称	符号	电导率	熔点/℃
锌	Zn	28.27	419.5
铁	Fe	17.3	1 539

金属作为激光防护材料，其防护效能除与上述的本征反射率密切相关外，还在很大程度上受以下几方面外界因素影响，如温度、表面状况、激光波长等。金属类高反射材料虽然在激光加载初期可保持较高的反射率，但是当金属温度升高时，由于内部自由电子同晶格以及自由电子之间的碰撞概率增加，其电阻率急剧升高，并且表面可能发生氧化等现象，相应地反射率出现非常明显的下降，防护效果会受到影响。除此之外，金属作为激光防护材料受到较大环境的限制，同时由于相对较低的熔点，其针对大能量密度输入的激光防护效果有待提高。

2) 高折射系数氧化物陶瓷材料

对于电介质材料，在一定波长范围内也可能具有较高的反射率。如前所述，光与电介质材料之间的相互作用有别于自由载流子导电材料，其主要机理为束缚电子的能级跃迁。一般来说，材料反射率同其复折射系数紧密相关，如果定义材料复折射系数 $\tilde{n}$ 为

$$\tilde{n} = n + i\kappa \tag{3-6}$$

其中，实部 n 为材料的折射系数；虚部 κ 为材料的消光系数，则材料的反射率 R 由式（3-7）决定：

$$R = \left| \frac{\tilde{n} - 1}{\tilde{n} + 1} \right|^2 = \frac{(n-1)^2 + \kappa^2}{(n+1)^2 + \kappa^2} \tag{3-7}$$

当材料的导电性较低时，其对光的吸收能力也较弱，即式（3-7）中的 κ 值非常小，则材料的反射率 R 仅同折射系数 n 相关：

$$R = \left(1 - \frac{2}{n+1} \right)^2 \tag{3-8}$$

由式（3-8）可知，R 随着 n 值的增大而增大，呈现正相关性，因而具有较高折射系数的非导电材料，其反射率也可能较高。因此选择高折射率材料，特别是考虑到使用过程中的氧化环境，高折射率氧化物陶瓷也成为一类激光防护材料的研究方向。

目前研究最为广泛的高折射氧化物为 ZrO_2、TiO_2、HfO_2、SiO_2、Al_2O_3 等。为了更大限度地提高这类材料的反射性能，一般将其制备成薄膜，特别是具有高低折射率搭配的多层薄膜作为抗激光层使用。然而对于这类材料体系在抗高

能激光毁伤领域的应用同样存在一些问题，如其膜层的热稳定性问题，膜层与基体结合以及热膨胀失配问题，膜层厚度的精确控制问题等。

3）导电陶瓷

此处所提到的导电陶瓷一般指具有自由载流子的陶瓷材料，该类材料与金属具有类似的光、电学特性，因此也类似金属，可在较宽的波长范围内保持较高的反射率。同时，其内部大量存在的共价键，使得其高温性能，如熔点温度、高温强度等均大大优于普通金属材料。另外，陶瓷材料本身的抗氧化、抗腐蚀等特点也有助于其在实际工况中的应用，从这一点来说，陶瓷相比金属有着一定的优势。

目前研究较多的导电陶瓷材料主要集中在用于电极材料的类钙钛矿结构的氧化物材料，如 $La_2Ti_2O_7$、$SrTiO_3$、$SrMnO_3$ 及其各种掺杂的复杂氧化物。

另一类陶瓷材料，其结构中本身便具有较高浓度的自由电子，因而具有同金属相同数量级的电导率。如用于电极材料的石墨、过渡金属硼化物（ZrB_2、TiB_2）等，其结构本身决定了较高的电导率，因而也将具有较高的反射率，可以成为一类具有潜力的激光防护材料。

同时，作为导电陶瓷中的另外一个重要分支，半导体材料同样具有激光防护的应用前景。但是其导电性能对于温度、光辐照等较为敏感，其反射性能在激光辐照过程中较为复杂。

2. 基于能量均匀化的防护材料技术

激光对目标材料进行辐照，光子能量通过电子或晶格等介质耦合进入材料体内，能量形式由光能大部分转化为热能存在于材料体内，此时激光对物质的作用主要体现在热能对材料的作用上。激光加载属于典型的大功率密度的局部点热源加载，而其对于材料的毁伤同样多产生在光斑中心位置的局部区域。因此，将局部能量加载转化为整体能量加载，从而降低材料局部区域的热沉积的方法成为一种有效的激光防护手段。

从材料学上同样可以通过提高能量均匀化程度进行有效的激光防护，其实现方式便是选择高热导率材料作为抗激光辐照材料。另外，通过设计具有热传导各向异性的材料结构，有效降低材料的面外热传导，提高面内热传导，以达到将高能量密度的点热源能量分散的目的，同样可以在一定程度上实现激光的有效防护。

3. 基于提高能量耗散的防护材料技术

通过研究发现，激光与材料发生能量耦合后，将大部分光能转换为热能，从而导致材料发生破坏是现阶段激光作用的主要破坏机制，因此通过将大量的热量耗散，降低材料内部的能量沉积，同样是一种有效的防护材料技术。

　　烧蚀型材料，尤其是烧蚀型高分子材料，可以通过材料在烧蚀热流的作用下发生分解、熔化、蒸发、升华、侵蚀等物理和化学变化，借助材料的质量消耗带走大量的热，达到阻止热流传入材料内部的目的。有研究人员制备了鳞片石墨改性环氧树脂涂层，分析了其与辐照激光能量耦合作用规律，研究了其热烧蚀性能、隔热性能等抗激光辐照性能，连续激光辐照下功率密度损伤阈值高于 2 kW/cm^2；高温下与激光能量耦合系数仅为 10% 左右，稳定热烧蚀率低至 μg/J 量级；具备优良的纵向隔热性能，高温下热导率在 10 W·K^{-1}·m^{-1} 以下；低功率密度激光辐照下损伤形式为轻微氧化，高功率密度激光辐照下则以汽化烧蚀为主。另外，有研究人员研究了激光参数对碳纤维增强树脂基复合材料的烧蚀影响，结果表明，材料的烧蚀率随入射光强度和光斑直径增大而增大。

　　聚合物类的烧蚀材料由于具有密度低，具有一定强度，以及裂解、烧蚀过程中热耗散大等特点，已经作为低密度防热体系在航天领域得到大量应用，目前已广泛应用于如导弹头部、航天器再入表面及发动机燃烧室及喷管部位。如采用酚醛树脂（phenolic resin）类可在热流作用下发生侧链断裂，主体的链结构将以碳的形式保留下来形成烧蚀碳化层，而烧蚀碳化层本身具有很高的熔点和耐烧蚀能力。这一裂解的过程将消耗大量的热量从而保护内部材料不被破坏。聚芳基乙炔（poly aryl acetylene，PAA）类材料同样通过裂解吸收消耗能量，从而保护内部材料，其不同于酚醛树脂类材料在于其含碳量更高，约 90%，具有更好的耐烧蚀性和可靠性。另外一类重要的烧蚀材料是硅基类树脂，其裂解后产物为 C/SiC，此类裂解产物具有更好的耐烧蚀性能，因此受到广泛关注。

　　除聚合物类烧蚀材料外，还有一类复合材料同样受到关注。该类材料利用发汗冷却机制，一般由以高熔点材料为骨架，具有高的熔化、汽化潜热的低熔点材料为添加相组成。在热流作用下，低熔点材料发生熔化和汽化，在这一过程中带走大量的热量从而保护内部材料。这一类的代表材料为 W-Cu、W-Ag 等合金材料，它们最早应用于导弹鼻锥热防护罩、火箭方向舵、超声速飞行器再入段前缘等热端部件的热防护。但由于其密度较大，随后被具有类似性能的金属陶瓷材料所替代，其中研究最为广泛的便是 TiB$_2$ - Cu 材料，在该种材料体系中，具有更低密度的 TiB$_2$（3 253 K，4.52 g/cm^3）取代 W（3 683 K，19.35 g/cm^3），作为高熔点相形成材料骨架，Cu 仍然作为发汗材料引入材料体系。另外，C/SiC 陶瓷基复合材料相对于金属材料具有更好的耐高温烧

蚀特性，因此在抗激光防护领域也可能有着广阔的应用前景。

4. 基于耐烧蚀型材料的防护材料技术

在目前的激光技术水平下，强激光对材料的毁伤仍多以热破坏或热致力学破坏的硬杀伤为主，如使目标材料发生熔化而直接破坏器件或通过使材料升温，导致其力学性能急剧下降，从而达到破坏器件的效果。因此，提高材料的耐高温性能成为一种有效的激光防护方式。

超高温陶瓷材料本身具有极高熔点，可以有效抵抗激光的热破坏。同时，其优异的热、电传导性能等都有利于激光能量在材料表面的均匀化，缓和激光对材料的集中毁伤。而超高温陶瓷材料所具有的高发射率等性能，可通过高温红外辐射形式耗散大量能量，有效防止材料失效。这样的一系列性能组合，为材料体系从激光与物质作用的各个环节进行防护提供可能。以 ZrB_2、ZrC 为代表的超高温陶瓷材料在强功率密度激光辐照后，由于高温氧化而出现一定的表面形貌变化，但整体结构未发生破坏，也未见熔化、烧蚀等现象，表现出较好的抵抗激光破坏的能力。

第 4 章

激光防护涂层制备工艺

在第 3 章中介绍的激光防护材料技术很多以涂层的形式应用，在构件表面制备具有优良抗激光毁伤性能的涂层是激光防护的有效手段，涂层可以在不改变装备主体结构的前提下，以合理的工艺附着在被保护对象的表面。要获得具有优良性能的保护层，除选材外，还需要选择合理的表面工程技术来制备涂层。

|4.1 表面工程技术简介[17]|

本节从表面工程角度介绍一些基本概念，有助于了解后续激光防护章节的内容。

4.1.1 表面的基础概念

1. 表面的分类

本书所针对的对象是固体的表面，共分两种不同的情况。

清洁表面：是经过诸如离子轰击、高温脱附、超高真空中解理、蒸发薄膜、场效应蒸发、化学反应、分子束外延等特殊处理后，保持在 $10^{-10} \sim 10^{-6}$ Pa 超真空下外来沾污少到不能用一般表面分析方法探测的表面。晶体表面是原子排列面，该面有一侧无固体原子键合，形成了附加的表面能。从热力学角度，表面原子会趋向于能量最低的稳定状态。达到稳态的方法有两种：一是自行调整（重新排列），原子的排列情况与晶粒内部明显不同；二是依靠表面成分的偏析、对外来原子/分子的吸附。清洁表面结构及特征类型包括弛豫、重构、偏析、化学吸附、化合物和台阶。

实际表面：暴露在未加控制的大气环境中的固体表面，或者经过一定加工处理（如切割、研磨、抛光、清洗等），保持在常温和常压（也可能是高温或低压）下的表面。在实际工况条件下，纯净清洁的表面是很难得到的。与工业生产以及人们生活息息相关的是实际表面。与清洁表面相比较，实际表面有一些重要的特点，包括存在表面粗糙度，贝尔比层（Beilby layer）；残余应力；吸附、吸收和化学反应等。

2. 表面粗糙度

从宏观看，经过切削、研磨、抛光的固体表面似乎很平整，然而从微观角度观察会发现表面有明显的起伏，同时可能有裂缝、空洞等。可以用以下参数表征表面粗糙度：

轮廓算术平均偏差：$Ra = \dfrac{1}{l}\displaystyle\int_0^l |y(x)|\,\mathrm{d}x \approx \dfrac{1}{n}\sum_{i=1}^n |y_i|$

微观不平度 + 点高度：$Rz = \dfrac{1}{5}\left(\displaystyle\sum_{i=1}^5 |yp_i| + \sum_{i=1}^5 |yv_i|\right)$

轮廓最大高度：Ry 取样长度内轮廓峰顶线与轮廓谷底线之间的距离

3. 贝尔比层

固体材料经过切削加工后，在几个微米或者十几个微米的表层中可能发生组织结构的剧烈变化，即造成一定程度的晶格畸变。这种晶格的畸变随深度变化，而在最外层 5 ~ 10 nm 厚度处可能会形成一种非晶态层，称为贝尔比层。其成分为金属和它的氧化物，而性质与体内明显不同。贝尔比层具有较高的耐磨性和耐蚀性。

4. 残余应力

材料经各种加工、处理后普遍存在残余应力。残余应力按其作用范围分为宏观残余应力和微观残余应力两类。

宏观残余应力：材料经过不均匀塑性变形后卸载，就会在内部存在作用范围较大的宏观残余应力。许多表面加工处理均能在材料表层产生很大的宏观残余应力。

微观残余应力：作用范围较小，大致分两个层次。一个与晶粒尺寸同一数

量级。另一个作用范围更小，位于各种缺陷周围，如各种点缺陷（空位、间隙原子等）、线缺陷（位错）、面缺陷（层错、晶界、孪晶界）。

5. 吸附、吸收和化学反应

固体与气体的作用有三种形式：吸附、吸收、化学反应。吸附是固体表面吸引气体与之结合，以降低固体表面能的作用。吸附包括物理吸附和化学吸附。物理吸附依靠范德华力。化学吸附依靠的是键能更高的化学键。吸收是固体表面与内部容纳气体，使整个固体的能量发生变化。化学反应是固体与气体的分子或离子以化学键相互作用，形成新的物质，整个体系的能量发生显著变化。

4.1.2 表面热力学

1. 液体表面张力与表面自由能

液体表面张力：液体表面分子由于受力不均而引起的沿表面作用于任一界线上的张力。液体表面最基本的特性是倾向于收缩，即有受最小表面力的趋势。表面张力（σ），也称为表面张力系数。其除了与液体性质以及液面外相邻物质的性质有关外，还与温度以及液体所含的杂质有关。

表面自由能：单位面积的表面分子比同样数量内部分子所多出的吉布斯自由能，称为比表面能，简称为表面（自由）能，记为 γ。它等于增加单位表面积所需的可逆功。对于液体来说，表面（自由）能与表面张力是一致的，$\gamma = \sigma$。

2. 固体表面张力与表面能

与液体不同，固体中原子、分子或离子之间相互作用力很强。无论是晶体、非晶体还是准晶体，原子、分子或离子之间发生相对运动要困难得多，即需要的能量或做的功较大。对于有关固体表面的问题，往往不采用表面张力这个概念。

固体表面能包括自由能和束缚能。实际上固体表面束缚能很小，可以忽略不计。表面能主要取决于表面自由能 γ。影响固体表面能的因素很多，包括晶体类型、晶体取向、温度、杂质、表面形状、表面曲率、表面状况等。

4.1.3　表面动力学

1. 表面原子热振动

表面原子热振动区域在表面层，具有特定的振动模式，称为表面振动模。表面结构呈现点阵畸变，其势场与内部正常的周期性势场不同，振动频谱也不相同。另外，晶体表面具有二维周期性点阵结构，表面振动模在平行于晶面方向传播具有平面波特征，而在垂直于晶面方向，向内部方向迅速衰减。

2. 表面扩散

固体中的扩散是原子、分子或离子因热运动而发生相对位移来实现的。在多晶中的扩散可以通过晶格扩散、表面扩散、晶界扩散以及位错扩散等途径进行。其中表面扩散所需要的扩散激活能最低。固体表面的任何原子或分子要从一个位置移动到另一个位置，需要克服一定的势垒，同时所到达的位置需要有空位。

4.1.4　表面电子学

1. 表面电子态

外诱表面态：在表面杂质和缺陷周围形成的局域电子态，在表面处，杂质与缺陷往往比内部要多。

本征表面态：在清洁表面，由于内部周期性的中断而形成的局域电子态，例如在表面处形成"悬挂键"。

2. 界面电子态

界面电子态是与固－固界面相关而不同于内部的一种电子态，典型的界面态与表面态类似，处在这种态的电子只分布在界面附近的几个原子层内，是局域化的。

4.2　表面前处理[18]

涂层制备前往往要进行基体表面前处理，就是恢复基体材料表面和内部差

别的过程，使表面洁净并处于活性状态，影响涂层性能和附着力。前处理过程包括表面整平、表面清洗和其他前处理方法。

4.2.1　表面整平

表面整平运用于多个领域，如消除管件外表面的粗糙状态、表面修补和涂装工艺或者金属工件的化学预镀。表面整平根据被加工件的不同，操作方式和方法也不同，有磨光、抛光、喷砂等机械方法，也有脱脂、侵蚀等化学方法。根据加工工件的种类、性能要求等不同，需要选择合适的表面整平方法。

磨光是指将粘有磨料的磨轮在高速旋转下磨削金属表面，除去表面的划痕、毛刺、焊缝、砂眼、氧化皮、腐蚀痕和锈斑等宏观缺陷，提高表面的平整度的过程。较高硬度材料均可作为磨料，如石英砂、金刚砂。

抛光是用抛光轮和抛光膏或抛光液对零件表面进一步轻微磨削以降低粗糙度的过程，可以手工抛光，也可以机械抛光。其中抛光轮由棉布、细毛毡、皮革或特种纸制作，抛光膏由微细颗粒的磨料、各类油脂及辅助材料制成。在适当溶液中，还可以进行化学抛光和电化学抛光。化学抛光是指在适当溶液中，工件依靠化学侵蚀作用而达到抛光的过程，表面微观凸出的部分较凹陷部分优先溶解。电化学抛光是在适当的溶液中进行阳极电解，令金属工件表面平滑并产生金属光泽的过程。工件接电（阳极）后，金属表面产生电阻率高的稠性黏膜，厚度在工件表面非均匀分布，凸起厚，电流大，溶解快；凹下薄，电流小，溶解慢。

还可以通过滚光、振动磨光、刷光、成批光饰的方法进行表面整平。滚光是将零件和磨削介质放在滚筒中并进行低速旋转，依靠零件和磨料的相对摩擦进行光饰处理的工艺过程，多用于小零件成批处理。振动磨光是将零件与大量磨料和适量抛磨液置入容器中，在容器振动过程中使零件表面平整光洁，常用磨料有鹅卵石、石英砂、氧化铝、碳化硅和钢珠等。刷光是用刷光轮上的金属丝、钢丝、黄铜丝等刷，同时用水或含某种盐类、表面活性剂的水溶液连续冲洗，去除零件表面锈斑、毛刺、氧化皮及其他污物。成批光饰是指将工件与磨料、水及化学促进剂一起放到容器中进行加工，以达到除锈、除油、令锐角和钝边倒角、降低表面粗糙度的目的。

4.2.2　表面清洗

表面清洗是指通过不同的方法清洗材料表面覆盖层的过程。清洗方法有物理清洗、化学清洗和特殊清洗等。材料表面覆盖层有物理（灰尘、油污等）、化学（水垢、锈等）、生物（藻类、细菌等）和复合覆盖层（各种作用共同产生的污染或锈）。对金属材料来讲，主要是除油、除锈，可通过有机溶剂法除油，包括浸洗、喷淋、蒸汽洗、联合法等。有机溶剂法除油无腐蚀性，但是有残存、不彻底，且有机溶剂多数有毒或易燃。还可以利用酸、碱、乳化剂等进行化学除油或利用非皂化油脂和乳化剂作用形成乳浊液进行乳化除油。此外，还可以进行电化学除油和超声波除油，电化学除油是将工件挂在阳极或阴极上，并浸入碱性电解液中，通入直流电，在极化作用下，溶液浸入油污和表面之间，产生气体，带动油污离开表面。超声波除油是在超声波环境中，在有机溶剂、化学、电化学过程中引入超声波，使液体产生振荡。

除锈是指用盐酸、硫酸等化学试剂去除金属表面氧化铁、氧化亚铁、含水氧化铁、四氧化三铁等物质。

4.2.3　其他前处理方法

1. 磷化

磷化是把金属放入含有锰、铁、锌的磷酸盐溶液中进行化学处理，使金属表面生成一层难溶于水的磷酸盐保护膜的方法。

2. 钝化

钝化是指金属表面状态的改变引起金属表面活性的突然变化，使表面反应（如金属在酸中的溶解或在空气中的腐蚀）速度急剧降低的现象。钝化可在金属表面形成致密的覆盖良好的保护膜。

3. 喷砂、喷丸

喷砂是指用压缩空气将砂子喷射到工件表面，利用高速砂流，除去工件表面锈蚀、氧化皮及其他污物。喷丸是指用压缩空气将钢铁丸或玻璃丸喷到零件表面上，以去除氧化皮及其他污物的工艺过程。经过处理的材料表面可形成一定的粗糙度，有利于提高下一步所制备涂层的结合力。

4.3　激光防护涂层制备工艺[17]

本书所述的激光防护材料多以涂层的形式涂覆于需要防护的材料表面，从而达到激光防护的目的。而表面涂层技术主要分为涂层技术和薄膜技术。涂层

技术包括涂装、热喷涂、电镀、化学镀、堆焊等工艺。薄膜技术主要包括气相沉积、蒸镀、溅射等。

4.3.1　涂层制备工艺

由于本书后续介绍的激光防护涂层的制备工艺主要以热喷涂为主，这里主要介绍涂层的热喷涂工艺技术。

1. 热喷涂技术基本理论

热喷涂技术是采用气体、液体燃料或电弧、等离子弧、激光灯作为热源，使金属、合金、金属陶瓷、氧化物、碳化物、塑料以及它们的复合材料等喷涂材料加热到熔融或半熔融状态，通过高速气流喷射、沉积到经过预处理的基体表面，从而形成附着牢固的表面涂层的加工方法。制备工艺流程为原料输入→加热→加速→碰撞/扁平化→冷却/收缩→成型→加工→产品。

采用热喷涂技术不仅能使基体表面获得各种不同的性能，如耐磨、耐热、耐腐蚀、抗氧化和润滑等性能，而且在许多材料（金属、合金、陶瓷、水泥、塑料、石膏、木材等）表面上都能进行喷涂。喷涂工艺灵活，涂层厚度可达 0.1 ~ 5 mm，而且对基体材料的组织和性能影响很小。目前，热喷涂技术广泛应用于宇航、机械、冶金、石油、化工、车辆和电力等部门。

从喷涂材料进入热源到形成涂层，喷涂过程一般经历四个阶段。

（1）喷涂材料被加热至熔融或半熔融状态阶段：对于原材料为线材，当端部进入热源的高温区域，即被加热熔融，形成熔滴；对于原材料为粉末，进入高温区域后，在行进的过程中被加热熔融或软化。

（2）熔滴雾化阶段：线材端部形成的熔滴，在外加压缩气流或热源自身射流的作用下，使熔滴脱离线材端部并将其雾化成细微的熔滴向前喷射；而粉末不存在熔滴再被破碎和雾化的过程，它是被气流或热源射流推动向前喷射的。

（3）飞行阶段：在飞行过程中，颗粒先是被加速，而后随着飞行距离的增加而减速。

（4）撞击阶段：当这些具有一定温度和速度的颗粒接触到基体表面时，是以一定的动能冲击基材表面，产生强烈的碰撞，即喷涂过程的第四个阶段。

在产生碰撞的瞬间，颗粒将动能转化的热能及其自身能量的一部分传给基体，并沿凹凸不平的表面产生变形，然后迅速冷凝、收缩，呈扁平状黏结在基体表面。喷涂的粒子接连不断地冲击基材表面，产生碰撞—变形—冷凝—收缩的过程，变形颗粒与基材表面之间、颗粒与颗粒之间互相交错地黏结在一起，从而形成涂层。

目前认为，涂层中颗粒与基材表面的结合以及颗粒之间的结合相同，均属"物理化学"结合，这种结合包括以下几种类型。

（1）机械结合：飞向基体的熔融粒子撞击到经过预处理的基体表面时，铺展成扁平状的液态薄片，覆盖并紧贴在基体表面的凹凸点上，冷却收缩时咬住凸点（或称抛锚点），形成机械结合。机械结合是热喷涂涂层与基体结合的最主要形式。

（2）物理结合：当高温、高速的熔融粒子撞击基体表面后紧密接触的距离达到原子晶格常数范围内时，就会产生范德华力或次价键而形成结合，因此，该种结合要求基体表面极其干净或进行活化处理。目前，对此种结合性能还难以做出确切评价。

（3）扩散结合：当熔融的喷涂材料高速撞击基体表面而形成紧密接触时，由于变形、高温等作用，在涂层与基体之间有可能产生微小的扩散，增加涂层与基体间的结合强度。

（4）冶金—化学结合：当喷涂放热型粉末时，基体表面微区内接触温度可高达基体的熔点，有可能使熔融粒子与基体间形成微区冶金结合，在结合面上生成金属间化合物或固溶体，从而提高涂层与基体间的结合性能。

热喷涂技术有火焰喷涂技术、电弧喷涂技术、等离子喷涂技术等。热喷涂工艺方法需按材料及实际需求选择，通常金属涂层采用电弧喷涂，陶瓷涂层采用等离子喷涂，硬质合金涂层利用超声速火焰喷涂。

2. 火焰喷涂技术

1）粉末火焰喷涂技术

粉末火焰喷涂已是工业上较普遍采用的喷涂方法，主要特点有以下几个方面。

（1）设备简单、轻便，初投资少，现场施工方便。

（2）操作工艺简单，容易掌握，便于普及。

（3）应用广泛灵活，适应性强，适用于机械零部件的局部修复和强化，且修复速度快。

（4）成本低，耗时少，效率高，噪声小。

（5）可以喷涂纯金属、合金、低熔点陶瓷和复合粉末等多种材料。

（6）与其他热喷涂方法相比，由于火焰温度和颗粒飞行速度较低，涂层的气孔率较高，涂层的残余应力较小，对同种材料可以喷涂料较厚的涂层。

粉末火焰喷涂设备由各种喷枪、氧气及燃料气体供给系统、压缩空气供给系统及辅助装置等部分组成。在喷枪不需要附加压缩空气时，则不需要压缩空气供给系统。在采用枪外送粉时，需要附加送粉装置。氧—乙炔火焰喷枪是喷涂的主要工具，它是专门设计的，多数喷枪都设计成喷涂喷焊两用型。对喷枪的设计要求是：不易回火，火焰能量大，燃烧稳定均匀，调节灵敏；吸粉力强，送粉力要大，送粉开关灵活，启闭要可靠；操作方便，维修简便且易于携带；各连接处密封要好，各通道不得漏气，以确保安全可靠。火焰喷枪如图 4 - 1 所示。

图 4 - 1　火焰喷枪

2）丝材火焰喷涂技术

丝材火焰喷涂是采用氧—乙炔燃烧火焰作为热源、采用丝材作为喷涂材料的热喷涂方法。该方法出现最早，迄今仍是普遍采用的方法。

喷枪通过气阀分别引入乙炔、氧气及压缩空气，乙炔和氧气混合后在喷嘴出口处产生燃烧火焰。喷枪内的驱动机构通过送丝滚轮带动丝材连续地通过喷嘴中心孔送入火焰，在火焰中被加热熔化。压缩空气通过空气帽呈锥形的高速气流，使熔化的材料从丝材端部脱离，并雾化成细微的颗粒，在火焰及气流的推动下，喷射到经过预处理的基材表面形成涂层。为适应不同直径和不同材质的丝材，采用不同的喷嘴和空气帽，并调节送丝速度。在特殊场合下，也可采用惰性气体做雾化气流。

氧—乙炔丝材火焰喷涂的特点分为以下几个方面。

（1）可以固定，也可以手持操作，灵活轻便，尤其适合于户外施工。

（2）凡能拉成丝的金属材料几乎都能用来喷涂，也可以喷涂复合丝材。

（3）火焰的形态、性质及喷涂工艺参数调节方便，可以适应从低熔点的锡到高熔点的钼等材料的喷涂。

（4）采用压缩空气雾化和推动熔粒，射流较集中，喷涂速率、沉积效率及涂层结合强度较高。

（5）工件表面温度低，不会产生变形，甚至可以在纸张、织物、塑料上进行喷涂。

（6）与粉末材料喷涂相比，装置简单，操作方便，容易实现连续均匀送料，喷涂质量稳定，涂层氧化物夹杂少，气孔率低。

（7）喷涂效率高，耗能少，对环境污染少。

但丝材制造受到拉丝成型工艺的限制，复合喷涂丝的研制还在发展。

3. 电弧喷涂技术

电弧喷涂技术是指利用两根连续送进的金属丝之间产生电弧作为热源来熔化金属，用压缩空气把熔化的金属雾化，并对雾化的金属液滴加速使之喷向工件表面，最终形成涂层。

在电弧喷涂过程中，两根金属丝材用送丝装置均匀、连续地各自送进电弧喷枪中的导电喷嘴内，导电喷嘴分别接在电源的正极和负极，并保证两丝材之间在未发生接触之前相互绝缘。当两根丝材由于送进而相互接触时，在其端部短路并产生电弧，使端部瞬间熔化，并用压缩空气将熔融金属雾化成微小熔滴，然后以很高的速度喷射到工件表面，形成涂层。

电弧喷涂工艺特点如下。

（1）可以在不提高工件温度、不使用贵重底层材料的情况下获得较高的涂层结合强度，涂层性能良好。

（2）效率高，比火焰喷涂提高 2 ~ 6 倍。

（3）节能效果明显，能源利用率显著高于其他喷涂方法。

（4）经济性好，其费用通常仅为火焰喷涂的 1/10。

（5）安全性高，仅使用电能和压缩空气。

电弧喷涂设备由电弧喷枪、控制器、电源、送丝装置、压缩气体系统组成。

4. 等离子喷涂技术

等离子喷涂是以等离子弧为热源、以喷涂粉末为主的热喷涂方法。近 20 年来，等离子喷涂技术有了飞速的发展，已开发出高能等离子喷涂、低压等离子喷涂、水稳等离子喷涂、超声速等离子喷涂等设备，以及一系列新的喷涂用粉末材料和功能涂层，这些新技术在工业生产中的应用日益显示出它们的优越性和重要性。

等离子喷涂所采用的等离子弧是一种压缩型电弧，电弧在等离子喷枪中受到压缩，能量集中，其横截面的能量密度可提高到 $10^5 \sim 10^6$ W/cm^2，弧柱中心温度可升高到 15 000 ~ 33 000 K。于是在这种情况下，弧柱中气体随着电离度的提高而成为等离子体，这种压缩型电弧为等离子弧。根据电源的不同接法，等离子弧主要有三种形式：非转移型等离子弧、转移型等离子弧和联合型等离子弧。非转移型等离子弧简称为非转移弧，它是在接负极的钨极与接正极的喷嘴之间形成的。非转移弧常用于喷涂、表面处理以及焊接或切割较薄的金属或非金属。转移型等离子弧简称为转移弧，它是在接负极的钨极与接正极的工件之间形成的，在引弧时要先用喷嘴接电源正极，产生小功率的非转移弧，而后工件转接正极将电弧引出去，同时喷嘴断电。转移弧有良好的压缩性，电流密度和温度都高于同样焊枪结构、同样功率的非转移弧。转移弧主要用于切割、焊接及堆焊。联合型等离子弧由转移弧和非转移弧联合组成。它主要用于电流在 100 A 以下的微弧等离子焊接，以提高电弧的稳定性，在用金属粉末材料进行等离子弧堆焊时，联合型等离子弧可以提高粉末的熔化速度而减少熔深和焊接热影响区。

等离子弧的特点如下。

（1）温度高，能量集中。

（2）射流速度高。

（3）稳定性好，由于等离子弧是一种压缩型电弧，弧柱挺拔、电离度高，因而电弧位置、形状以及弧电压、弧电流都比自由电弧稳定，不易受外界因素的干扰。这对于保证喷涂、焊接、堆焊、切割等的质量有重要意义。

（4）调节性好，压缩型电弧可调节的因素较多，在很广的范围内稳定工作以满足各种电弧等离子工艺的要求，这是自由电弧所不能达到的。例如，变换工作气体的种类可以得到氧化、中性或还原气氛；改变喷嘴尺寸、控制气体流量、调节电参数等可以控制等离子弧的刚柔性，以保证在切割及喷涂时获得焰流速度高、冲击力大的刚性弧，在堆焊时获得焰流速度较低、冲击力较小的柔性弧，在焊接时获得刚柔适中的等离子弧。此外，特定的等离子弧设备，通过调节电功率可灵活地调节焰流温度和喷射速度，以适应不同材料的需要。

根据工艺的需要经进气管通入氮气、氩气、氦气和氢气等气体。这些气体进入弧柱区后，将发生电离，成为等离子体。由于钨极与前枪体有一段距离，故在电源的空载电压加到喷枪上以后，并不能立即产生电弧，还需在前枪体与后枪体之间并联一个高频电源。高频电源接通使钨极端部与前枪体之间产生放电，于是产生激发电弧。电弧产生后，高频电路被切断。引燃后的电弧在孔道中受到三种压缩效应（自磁压缩、机械压缩、冷壁压缩），温度升高，喷射速度加大，此时往前枪体的送粉管中输送粉状材料，粉末在等离子射流中被加热到熔融状态，并高速撞击基体表面。当撞击基体表面时，熔融状态的球形粉末发生塑性变形、黏附于基体表面时，各粉粒之间也依靠塑性变形而互相搭接起来，随着喷涂时间的延长，基体表面就获得了一定尺寸的喷涂层。

等离子喷涂工艺特点如下。

（1）基体相对无变形，不改变基体金属的热处理性质。由于喷涂时基体不带电，基体金属不熔化。所以尽管等离子射流的温度较高，但只要工艺得当，控制基体温升不超过一定温度，则基体不会发生变形，这对于薄壁件、细长杆以及一些精密零件的修复是十分有利的。

（2）涂层的种类多。由于等离子射流的温度高，可以将各种喷涂材料加热到熔融状态，因而可供等离子喷涂使用的材料非常广泛，从而也可以得到多种性能的涂层，如耐磨涂层、隔热涂层、抗高温氧化涂层、绝缘涂层等。

（3）工艺稳定，涂层质量高。等离子喷涂的各工艺参数都可定量控制，因而工艺稳定，涂层性能再现性好。在等离子喷涂中，熔融状态粒子的飞行速度可达 $180 \sim 480 \ \text{m/s}$，远比氧—乙炔焰粉末喷涂时的粒子飞行速度（$45 \sim 120 \ \text{m/s}$）高。熔融微粒在和零件碰撞时变形充分，因而涂层致密，与基体的结合强度高。等离子喷涂涂层与基体金属的法向结合强度可达数兆帕。由于等离子喷涂时可以改换气体控制气氛，因而涂层中的氧含量或氮含量可以在一定程度上控制。

等离子喷涂设备主要组成有整流电源、高频振荡器（引弧装置）、控制柜、喷枪、送粉器、循环水冷却系统（增压水泵及热交换器）、气体供给系统等。另外，等离子喷涂需要的辅助设备有空气压缩机、油水分离、喷涂柜、通风除尘装置、喷砂设备和带动喷枪及工件运行的机械装置等。喷涂设备应置于有隔音效果的喷涂室内，喷涂室内还应有供给压缩空气的管道，以便在喷涂操作时提供冷却气体。目前我国已能生产多种型号的成套喷涂设备。

4.3.2　薄膜制备工艺

这里主要介绍薄膜的气相沉积工艺技术。气相沉积技术是利用气相中发生的物理、化学过程，在基体表面形成功能性或装饰性的金属、非金属或化合物涂层。按照成膜机理，其可分为物理气相沉积（PVD）和化学气相沉积（CVD）。

1. 物理气相沉积

物理气相沉积是利用热蒸发、辉光放电或弧光放电等物理过程，在基体表面沉积所需涂层的技术。它包括蒸发镀膜、溅射镀膜和离子镀膜。与其他镀膜或表面处理方法相比，物理气相沉积具有以下特点。

（1）镀层材料广泛，可镀各种金属、合金、氧化物、氮化物、碳化物等化合物镀层，也能镀制金属、化合物的多层或复合层。

（2）镀层附着力强，工艺温度低，基体一般无受热变形或材料变质等问题，如用离子镀得到 TiN 等硬质镀层，其工件温度可保持在 550 ℃以下，这比化学气相沉积法制备同样的镀层所需的 1 000 ℃要低得多；镀层纯度高、组织致密；工艺过程主要由电参数控制，易于控制、调节；对环境无污染。

物理气相沉积的基本过程如下。

（1）气相物质的产生：一类是使镀料加热蒸发，称为蒸发镀膜；另一类是用具有一定能量的离子轰击靶材（镀料），从靶材上击出镀料原子，称为溅射镀膜。

（2）气相物质的输送：气相物质的输送要求在真空中进行，这主要是为了避免气体碰撞妨碍气相镀料到达基体。

（3）气相物质的沉积：气相物质在基体上沉积是一个凝聚过程。根据凝聚条件的不同，可以形成非晶态膜、多晶膜或单晶膜。镀料原子在沉积时，可与其他活性气体分子发生化学反应而形成化合物膜，称为反应镀。在镀料原子凝聚成膜的过程中，还可以同时用具有一定能量的离子轰击膜层，目的是改变膜层的结构和性能，这种镀膜技术称为离子镀。

蒸镀和溅射是物理气相沉积的两类基本镀膜技术，以此为基础，又衍生出反应镀和离子镀。其中反应镀在工艺和设备上变化不大，可以认为是蒸镀和溅射的一种应用；而离子镀在技术上变化较大，所以通常将其与蒸镀和溅射并列为另一类镀膜技术。

2. 化学气相沉积

化学气相沉积是利用气态物质在固体表面发生化学反应，生成固态沉积物的过程。化学气相沉积的过程可以在常压下进行，也可以在低压下进行。化学气相沉积技术是当前获得固态薄膜的重要方法之一。与物理气相沉积不同的是，沉积粒子来源于化合物的气相分解反应。在相当高的温度下，混合气体与基体的表面相互作用，使混合气体中的某些成分分解，并在基体上形成一种金属或化合物的固态薄膜或镀层。

化学气相沉积的大致过程如下。

（1）反应气体向衬底表面扩散。

（2）反应气体分子被吸附于衬底表面。

（3）在表面上进行化学反应、表面移动、成核及膜生长。

（4）生成物从表面解吸。

（5）生成物在表面扩散。

以沉积 TiC 为例，CVD 法沉积 TiC 时将基体置于氩气保护下，加热到 1 000 ~ 1 050 ℃，然后以氢气做载流气体把 $TiCl_4$ 和 CH_4 气带入炉内反应器中，使 $TiCl_4$ 中的钛与 CH_4 中的碳（以及钢件表面的碳）化合，形成碳化钛。反应的副产物则被气流带出室外。

CVD 与其他涂层方法相比，具有如下特点。

（1）设备相对简单，操作维护方便，灵活性强，既可制造金属膜、非金属膜，又可按要求制造多种成分的合金、陶瓷和化合物镀层。通过对多种原料气体的流量调节，能够在相当大的范围内控制产物的组分，从而获得梯度沉积物或者混合镀层。

（2）可在常压或低真空状态下工作，镀膜的绕射性好，形状复杂的工件或工件中的深孔、细孔都能均匀镀膜。

（3）由于沉积温度高，涂层与基体之间结合好，这样，经过 CVD 法处理后的工件，即在十分恶劣的加工条件下使用，涂层也不会脱落。

（4）涂层致密而均匀，并且容易控制其纯度、结构和晶粒度。

（5）沉积层通常具有柱状晶结构，不耐弯曲。但通过各种技术对化学反应进行气相扰动，可以得到细晶粒的等轴沉积层。

利用 CVD 技术，可以沉积出玻璃态薄膜，也能制出纯度高、结构高度完整的结晶薄膜，还可沉积纯金属膜、合金膜以及金属间化合物。这些新材料由于其特殊的功能已在复合材料、微电子学工艺、半导体光电技术、太阳能利用、光纤通信、超导电技术和防护涂层等许多新技术领域得到了应用。

第 5 章

反射型激光防护材料技术

反射型激光防护材料是通过将大部分激光能量反射或散射出去，从而降低能量沉积、减小能量耦合，达到防护的目的。对于反射型激光防护材料，一方面要求材料具有高的激光反射率；另一方面剩余的激光能量会被材料吸收，从而引起温升，这就要求材料具有较高的熔点。金属的反射率较高，但熔点较低；陶瓷的熔点较高，激光不易引起其相变，但是由于陶瓷材料属于宽带隙电介质材料，反射率普遍较低，所以需要研究设计新的高反射率陶瓷材料。

由于激光与材料的相互作用较复杂，通过试验很难准确获得材料高温下的反射率，并且由于能带结构、电子结构等微观结构是影响反射率的根本因素，而通过试验很难获得相关信息，因此可以通过模拟计算掌握材料的反射率及其影响因素，进而进行新型高反射陶瓷材料设计。本章介绍了基于第一性原理计算材料反射率的方法，并以钛酸盐为例阐述高反射率材料设计研究过程。

|5.1　陶瓷材料的激光反射率[19]|

5.1.1　陶瓷材料反射率的计算方法

本章利用基于第一性原理密度泛函理论（density functional theory）的 Materials Studio 软件计算陶瓷材料的反射率。首先电子波函数利用平面波基组展开，电子与电子的相互作用的交换能和相关势由局域密度近似（local density approximation，LDA）或广义梯度近似进行校正，采用平面波赝势法进行系统总能量的计算，通过这一系列的计算得到材料的总能量及电子波函数，从而可计算材料的能带结构和各种其他物理性质。

在陶瓷材料学中，材料的光学性质与介电函数密切相关，其中反射率可由复介电函数计算得到。如果假定晶面的方向平行于光轴，那么反射率 $R(\omega)$ 将服从费米分布，可表示为

$$R(\omega) = \left| \frac{\sqrt{\varepsilon(\omega)} - 1}{\sqrt{\varepsilon(\omega)} + 1} \right|^2 \qquad (5-1)$$

其中，$\varepsilon(\omega)$ 为复介电函数，它的虚部可以由电子结构计算直接得到，与电子响应有密切的关系。带间跃迁对介电函数虚部的贡献，可以通过计算在布里渊区内所有的 k 点处电子从价带跃迁到导带对介电函数虚部贡献的总和而得到。介电函数的虚部可表示为

$$\varepsilon_2(q \rightarrow 0, h\omega) = \frac{2 e^2 \pi}{\Omega \varepsilon_0} \sum |\langle \psi_k^c | \hat{u}, r | \psi_k^v \rangle|^2 \delta(E_K^c - E_K^V - E) \qquad (5-2)$$

其中，$\psi_k^c | \hat{u}, r | \psi_k^v$ 为位置矩阵；E_K^c、E_K^V 分别为导带、价带的电子跃迁能；E 为光子能量。利用 Kramers – Kronig 色散关系由虚部得到介电函数的实部：

$$\varepsilon_1(\omega) = 1 + \frac{2}{\pi} M \int_0^\infty \frac{\omega' \varepsilon_2(\omega')}{\omega'^2 - \omega^2} d\omega' \qquad (5-3)$$

把式（5 – 2）、式（5 – 3）代入式（5 – 1），可以计算出材料的理论反射率。

由式（5 – 1）、式（5 – 2）和式（5 – 3）均可知材料的反射率是激光波长的函数，由于目前普遍应用的激光波长之一为 10.6 μm，所以本章如未特殊说明，在计算激光反射率时对应的波长均为 10.6 μm。

5.1.2　第一性原理的重要概念

1. 密度泛函理论

密度泛函理论的发展经过了漫长的过程，直到 1964 年才有一个确定的模型。1927 年，Thomas 和 Fermi 认识到可以从统计学的角度来近似处理原子中电子的分布。Thomas 假设："对于每个 h³ 体积中的 2 倍速度的电子运动，电子均匀分布于六维空间之中，并且存在一个核电荷，由电子分布所决定。" Thomas-Fermi（T – F）的电子密度公式即由上述假设推得。对于 T-F 电子气模型，用变分法和自洽场手段求电子密度和体系的能量，这种方法称为密度泛函

理论。与传统量子力学方法不同的是，密度泛函理论的基本变量是单粒子密度，通过体系的单粒子密度来描述体系基态的性质。密度泛函理论在过去30多年里得到了广泛的应用，其应用范围涉及固体物理、化学、生物等学科，Materials Studio 就是基于密度泛函理论的计算软件。

2. 电子相关能

单组态自洽场方法没考虑电子的 Couloub 相关，求得体系总能量比实际值要高。电子相关能一般用 Lowdin 的定义，即指定的一个 Hamilton 量的某个本征态的电子相关能。对于电子相关能的计算在量子化学研究中占有很重要的地位，通常人们用涉及多少相关能来衡量一个计算方法的好坏。

局域密度近似是 Kohn 和 Sham 提出的一种最简单的近似处理交换相关能的方法。假定电子密度在原子范围内缓慢变化，即假定分子的各区域（原子）可视为均匀电子气。在均匀电子气模型下交换相关能可表示为

$$E_{xc}^{LDA} = E_x^{LDA} + E_c^{LDA} \tag{5-4}$$

由于局域密度近似建立于理想的均匀电子气模型基础上，而实际原子和分子体系的电子密度远非均匀的，所以通常由 LDA 计算得到的原子或分子的化学性质往往不能满足研究人员的要求。为进一步提高计算精度，就需要考虑电子密度的非均匀性，这一般是通过在交换相关能泛函中引入电子密度的梯度来完成的，即构造广义密度近似泛函（GGA）。可以把 GGA 交换泛函的一般形式写成

$$E_x^{GGA} = E_x^{LDA} - \sum_\sigma F(x_\sigma) \, \rho_\sigma^{\frac{4}{3}}(\vec{r}) \, d\vec{r} \tag{5-5}$$

本章经过验证后发现并不是 GGA 一定比 LDA 计算结果精确，针对不同的材料适用于不同的电子相关能，但是两者对本章的计算结果相差不超过5%，所以为了计算精度更高，本章都采用 GGA 相关能。

3. 赝势

赝势是在平面波计算的基础上发展起来的，即在离子实内部用假想的势能取代真实的势能，求解波动方程时，若不改变其本征值和离子实之间的区域的波函数，则这个假想的势就叫作赝势。采用赝势，总是使离子实内部的波函数尽量平坦，这样用平面波展开时，基就可以相对地少一些。

Vanderbilt 提出的超软赝势（ultrasoft pseudopotentials）方法是通过对模守恒条件的弛豫而发展的一套方法。它构造的赝势波函数在内层区之外和全电子波函数一致，内层区内赝势电荷并不要求等于真实的电荷数，用于自洽计算的

真实电荷密度可以从赝波函数计算得到。超软赝势目前已经成功地应用于各族元素的计算。

平面波是最简单的正交完备基，根据 Bloch 定理，单电子波函数可以用平面波展开。原则上无穷多平面波才构成一个完备集，但具有较小动能的平面波的系数比具有较大动能的平面波系数大，因此可以只用小于某一能量 E_{cutoff}（称为截断能）的平面波作为基矢进行展开。E_{cutoff} 越小，计算越容易，但截断所引入的误差也越大，因而需要增加 E_{cutoff} 直到收敛。本章采用超软赝势平面波法进行计算。

5.1.3　陶瓷材料在热效应下反射率的计算方法及物理性能评价

第一性原理计算的是材料在基态下的反射率，也就是接近 0 k 时的反射率，而激光的热效应会引起材料的温度升高，从而可能影响反射率。基于分子动力学理论的 Materials Explorer 软件可计算任一温度下材料的晶格常数，所以本章通过 Materials Explorer 软件计算高温下材料的晶格常数，然后代入 Materials Studio 软件中，以两者相结合的方式计算材料在热效应下的反射率。首先通过 ICSD（无机晶体结构数据库）查找材料基态时的晶格常数及原子占位，然后在 Materials Explorer 软件中创建晶胞，设定温度等参数，经过一定的步长计算后，系统达到稳定状态，得到此温度下材料的晶格常数，然后将此晶格常数输入 Materials Studio 软件，计算材料具有此晶格常数时的性能，得到能带结构、介电函数和反射率。

1. 分子动力学的重要概念

分子动力学方法按体系内部的内禀动力学规律来计算并确定位形的转变。它建立一组分子的运动方程，并通过直接对系统中的一个个分子运动方程进行数值求解，得到每个时刻各个分子的坐标与动量，即在相空间的运动轨迹，再利用统计计算方法得到多体系统的静态和动态特性，从而得到系统的宏观性质。

具体来说，分子动力学的关键模拟步骤如下（图 5 - 1）。

（1）设置分子的初始位置和初始速度。

（2）计算粒子的受力。

（3）求解牛顿运动方程，得到下一时刻粒子的空间位置和速度。

（4）对感兴趣的瞬时物理量进行提取，并重复（2）～（4）步，直到系统经历指定的演变时间。

（5）数据的处理，由步骤（4）所提出的瞬时物理量统计得到系统的各种

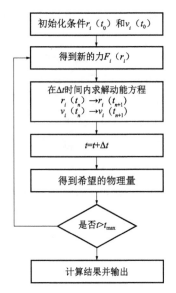

图 5 – 1　分子动力学模拟流程示意图

性质，比如晶格常数、热导率等。

　　因此，分子动力学模拟方法可以看作体系在一段时间内的发展过程的模拟。在这样的处理过程中可以看出：分子动力学方法中不存在任何随机因素。在分子动力学方法处理过程中，方程组的建立是通过对物理体系的微观数学描述给出的。在这个微观的物理体系中，每个分子都各自服从经典的牛顿力学。每个分子运动的内禀动力学是用理论力学上的哈密顿量或者拉格朗日量来描述，也可以直接用牛顿运动方程来描述。

　　势函数是分子动力学中一个重要的参量，只有选择了适合体系的势函数，才能准确确定体系中粒子间的相互作用力及势能。因此，势函数选择的正确与否直接决定了分子动力学模拟结果的准确程度。常见势函数有以下几种。

　　1）硬球势

　　该势函数模型将体系中的粒子假想成一个个硬球，当两粒子间的距离小于两者的半径和时，势能为无穷大；当距离大于两者半径和时，势能为 0。由于该势函数过于简化，所以无法应用在精确的计算中（图 5 – 2）。

$$U(r) = \begin{cases} +\infty, & r < \sigma \\ 0, & r \geq \sigma \end{cases} \tag{5-6}$$

　　2）Lennard-Jones 势

　　该势函数模型认为粒子间的势能与其距离满足式（5 – 7）：

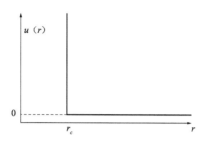

图 5 - 2　硬球势势能曲线

$$U(r) = 4\varepsilon \left[\left(\frac{\sigma}{r} \right)^{12} - \left(\frac{\sigma}{r} \right)^{6} \right] \qquad (5 - 7)$$

Lennard-Jones 势势能曲线如图 5 - 3 所示。

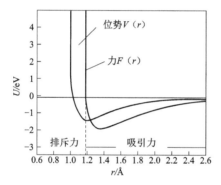

图 5 - 3　Lennard-Jones 势势能曲线

3）Buckingham 势

Buckingham 势函数形式如式（5 - 8）所示。

$$S_{ij} = A\exp\left(-\frac{r_{ij}}{\rho} \right) - \frac{C}{r_{ij}^{6}} \qquad (5 - 8)$$

Buckingham 势函数曲线如图 5 - 4 所示。

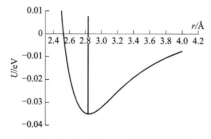

图 5 - 4　Buckingham 势函数曲线

由于 Buckingham 势能够比较准确地描述陶瓷材料中原子间的相互作用，

所以本章采用该势函数进行计算。

分子动力学模拟方法往往用于研究大块物质在给定密度下的性质,然而实际计算模拟不可能在几乎是无穷大的系统中进行。所以必须引进一个分子动力学元胞,以维持一个恒定的密度。对于晶态的系统,如果所占体积足够大,并且系统处于热平衡状态的情况下,那么元胞的形状将会对模拟结果产生影响。为了计算简便,通常取一个立方体的体积为分子动力学元胞。设分子动力学元胞的线度大小为 L,则其体积为 L^3。由于引进这样的立方体箱子,将产生 6 个表面。模拟中碰撞这些表面的粒子应当被反射回到元胞内部,特别是对粒子数目很少的系统。然而这些表面的存在对系统的任何一种性质都会有较大的影响。

为了消除引入元胞后的表面效应,构造出一个准无穷大的体积来更精确地代表宏观系统,分子动力学采用周期性边界条件,让小体积的元胞重复镶嵌在一个无穷大的大块物质之中。从而将分子动力学元胞在有限立方体内的模拟扩展到真实大系统的模拟,如图 5-5 所示。

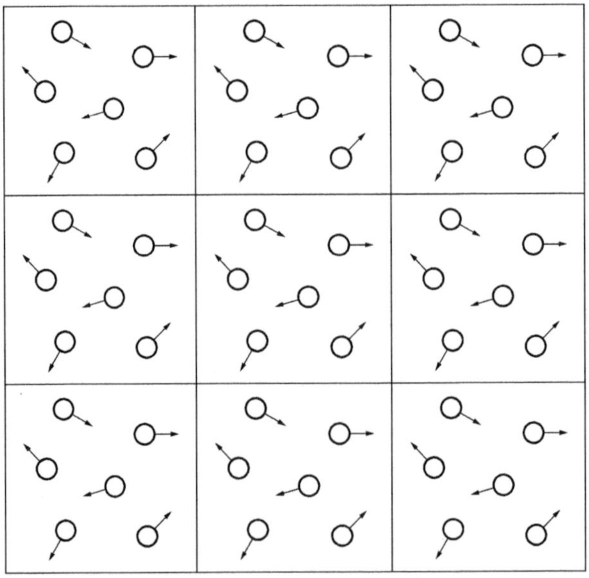

图 5-5 周期性边界条件示意图

周期性边界条件的数学表示形式为

$$A(\vec{x}) = A(\vec{x} + nL), n = (n_1, n_2, n_3) \tag{5-9}$$

其中,A 为任意的可观测量;n_1、n_2、n_3 为任意整数。这个边界条件就是命令基本分子动力学元胞完全等同地重复无穷多次。当有一个粒子穿过基本分子动力学元胞的六方体表面时,就让这个粒子以相同的速度穿过此表面对面的表面重新进入分子动力学元胞内。

模拟的系统总是存在于一定状态之下，所有这些状态便构成一个系统的系综。常用的系综分为微正则（NEV）系综、正则（NVT）系综、等温等压（NPT）系综、等压等焓（NPH）系综以及巨正则（μVT）系综。括号中的符号代表模拟过程中保持不变的物理量。系综的选择往往要根据所研究体系的具体情况而定，如本章中的反射率的计算采用 NPT 系综。

除晶格常数用于计算高温下的反射率外，激光与物质相互作用过程中，还需要关注热膨胀系数、热导率、熔点等热物理性能，因此本小节介绍分子动力学计算相关热物理性能的方法。

2. 热膨胀系数的计算

物体因温度改变而发生的膨胀现象叫热膨胀。材料的热膨胀系数表征了材料受热时膨胀的程度，是材料热物性的重要参数之一，也是对热防护涂层材料进行优化选择的重要指标。

当材料的温度从 T_1 上升到 T_2 时，体积也会相应地从 V_1 变化到 V_2。此时，该物质在 T_1 到 T_2 温度范围内的平均体膨胀系数 $\bar{\beta}$ 为

$$\bar{\beta} = \frac{V_2 - V_1}{V_1(T_2 - T_1)} \tag{5-10}$$

即温度每升高 1 K 时固体的体积变化量与其原始体积的比值。在恒压下，当 $T_1 \to T_2$ 时，式（5-10）的极限值即为真体膨胀系数 β：

$$\beta = \frac{1}{V}\left[\frac{\mathrm{d}V}{\mathrm{d}T}\right]_P \tag{5-11}$$

在实际中，材料的线膨胀系数更为常用，与体膨胀系数类似，线膨胀系数定义为温度每升高 1 K 时固体在某方向上长度的变化量与其原始长度的比值。物质的平均线膨胀系数 $\bar{\alpha}$ 和线膨胀系数 α 可分别表示为式（5-12）和式（5-13）：

$$\bar{\alpha} = \frac{L_2 - L_1}{L_1(T_2 - T_1)} \tag{5-12}$$

$$\alpha = \frac{1}{L}\left[\frac{\mathrm{d}L}{\mathrm{d}T}\right]_P \tag{5-13}$$

对于各向同性的晶体物质，体膨胀系数 β 与线膨胀系数 α 之间的关系可用式（5-14）表示。

$$\beta = 3\alpha \tag{5-14}$$

对于各向异性的晶体，则有

$$\beta = \alpha_1 + \alpha_2 + \alpha_3 \qquad (5-15)$$

$$\beta = 2\alpha_1 + \alpha_3 \qquad (5-16)$$

材料的线膨胀系数定义为在一定压力下，材料的长度对温度的变化量与其原始长度的比值［式（5-13）］。将式（5-13）中的长度替换为晶格常数可得材料的线膨胀系数。

$$\alpha = \frac{1}{a}\left[\frac{\mathrm{d}a}{\mathrm{d}T}\right]_P \qquad (5-17)$$

3. 热导率的计算

通过分子动力学模拟经典粒子系统的热输运性质，可以得出该系统的热导率。按照已有计算热导率的方法大致可分为平衡分子动力学（equilibrium molecular dynamics，EMD）、非平衡分子动力学（non-equilibrium molecular dynamics，NEMD）和扰动分子动力学（perturbation molecular dynamics，PMD）。

扰动分子动力学的基本计算模型如图5-6所示，先给系统加上一个较大的扰动（相对于EMD中的自发扰动），经过一段时间的弛豫过程，系统会达到平衡，在平衡过程中产生的热流可以和其他系统物理量构成扰动响应，扰动响应除以扰动值的商正好是系统的热导率。

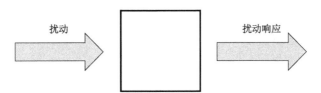

图5-6 扰动分子动力学的基本计算模型

由于扰动分子动力学很好地解决了时间耗费过大的问题，又能准确模拟计算热导率，本章采用这种方法进行计算。

4. 熔点的计算

单相法是使用分子动力学寻找熔点时比较常用的方法，通过直接建立相互作用的原子系统，给定压强，并逐渐增加温度直至变成液相。

在模拟过程中，熔化是一级相变，在相变点两相的化学势连续，但化学势 μ 的一阶偏导数存在突变：

$$\mu^{(1)}(T,P) = \mu^{(2)}(T,P)$$

$$\frac{\partial \mu^{(1)}}{\partial T} \neq \frac{\partial \mu^{(2)}}{\partial T}, \frac{\partial \mu^{(1)}}{\partial P} \neq \frac{\partial \mu^{(2)}}{\partial P} \qquad (5-18)$$

因此，使用单相法的时候，通常根据相同压强、不同温度下的能量变化来寻找突变点，从而得出系统的熔点温度。单相法模拟可得出较确切的熔点温度，模拟过程较简易、迅速，已被研究者广泛地使用和研究。

5.2　高反射率陶瓷材料设计[19]

　　要想进行材料设计，首先必须掌握影响材料性能的因素及其规律，特别是成分、晶体结构、显微组织结构、工艺等。经作者研究发现材料的晶体结构对称性可影响激光反射率，对称性越好反射率越高，并且在七大晶系内立方晶系是对称性最好的，对称操作数较高，所以作者主要考虑立方晶系的材料。钙钛矿结构属于立方晶系，分子通式为 ABO_3，结构稳定，钙钛矿结构的钛酸盐材料（可表示为 $ATiO_3$）不仅在低温下具有较好的介电性能，还可作为高温使用的高频电容器材料，其烧结性能较好，容易制备。作者对钛酸盐系列的钙钛矿结构材料的激光反射性能研究结果表明，随着 A 位原子序数的增加，导带向低能级方向移动，禁带宽度逐渐减小，介电函数、反射率逐渐增大，由此可考虑将 A 位原子替换为原子序数更高的材料，以提高介电函数和反射率。另外，元素的价电子数增多，会使传导电子的等离子体频率 ω_p 逐渐增大，ω_p 的增大使得介电函数虚部曲线向左移动，即向长波移动，介电函数实部曲线向右移动，即向短波移动，使得介电函数增大。因此，可考虑原子序数大、价电子多的元素作为 A 位原子。

　　稀土元素 La 的原子序数较大，为 57 号元素，电子排布为 $1s^2\,2s^2\,2p^6\,3s^2\,3p^6\,3d^{10}\,4s^2\,4p^6\,4d^{10}\,5s^2\,5p^6\,5d^1\,6s^2$，在 5d 轨道上具有一个电子，此电子不稳定，较活跃，属于价电子，由此其价电子多于第二主族的碱土金属，有利于反射率的提高。

　　理想的钙钛矿晶胞为立方晶胞，但是离子半径的大小以及制备工艺的影响，会造成钙钛矿结构发生畸变，所以钙钛矿结构的 $LaTiO_3$ 具有多种结构，其中立方晶系是对称性最好结构，空间群为 PM－3M 的 $LaTiO_3$ 为立方晶系，对称操作数为 48。

　　综上所述，基于介电函数、能带结构和反射率的关系规律以及晶体结构、组元对反射率的影响规律，作者选择空间群为 PM－3M 的立方 $LaTiO_3$ 材料进行激光反射性能的研究，并作为研究对象，对其进行改进，设计新型的高反射率陶瓷材料。

5.2.1　LaTiO₃基态时的反射性能研究

1.LaTiO₃的能带结构和态密度

图5-7所示为 LaTiO₃ 的能带结构，在第一布里渊区内，LaTiO₃ 的特殊点为 X、R、M、G，价带顶和导带点均位于 G 点，为直接带隙材料。将 LaTiO₃ 与其他常见的钙钛矿材料相比较，如 A 位为第二主族的其他元素，即 CaTiO₃、SrTiO₃和BaTiO₃，其能带结构相似，并且费米面附近的导带和价带也与 CaTiO₃、SrTiO₃和BaTiO₃相同。这是由于 LaTiO₃ 和 CaTiO₃、SrTiO₃、BaTiO₃的空间群相同，均为 PM-3M，所以晶体的对称性相同，晶体中势场的对称性也相同，导致晶体中电子运动状态相同，直接反映在电子运动的本征态波函数即布洛赫函数的对称性相同，通过相同的基本单位可反应整体的波函数的周期性，即通过相同的第一布里渊区可反映整个的波函数，因而相同的空间群使得晶体的对称性相同，造成波函数相同，进而第一布里渊区也相同。

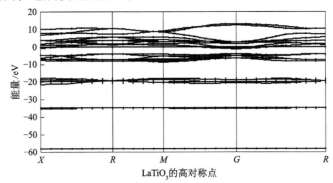

图5-7　LaTiO₃的能带结构

图5-8所示为 LaTiO₃ 的态密度，在费米能级以下 LaTiO₃ 具有 3 个能带，

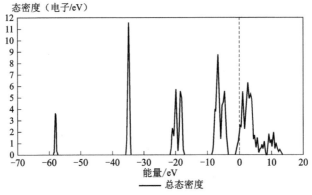

图5-8　LaTiO₃的态密度

分布的能量范围分别为：$-59.0 \sim -57.1$ eV、$-36.1 \sim -33.7$ eV、$-22.2 \sim -16.8$ eV，价带能量分布为 $-9.1 \sim -3.0$ eV，在费米面附近的导带能量分布为 $-1.7 \sim 14.0$ eV。导带底能量和价带顶能量之差计算 $LaTiO_3$ 的光学带隙为 1.3 eV。相对于 $CaTiO_3$、$SrTiO_3$ 和 $BaTiO_3$ 的禁带宽度，$LaTiO_3$ 的光学带隙较宽。

如图 5-8 所示，$LaTiO_3$ 的费米面进入导带。由 $CaTiO_3$、$SrTiO_3$ 和 $BaTiO_3$ 对比分析，在钛酸盐系列材料中，随着 A 位原子序数的增加，导带向低能级方向移动，即费米面向高能级方向移动。当 A 位原子为原子序数较大的 La 时，导带向低能级方向移动的幅度较大，使得费米面进入导带。

A 位原子序数的增大，导致费米面会向高能级方向移动，由分波态密度可进一步从微观角度分析出 $LaTiO_3$ 的费米面进入导带的原因。图 5-9 所示为 $LaTiO_3$ 的分波态密度，在 La 的分波态密度中，费米面进入 5d 轨道，在 Ti 的分波态密度中，费米面进入 3d 轨道，在 O 的分波态密度中，费米面进入 2p 轨道。三者的分波态密度叠加得到总的态密度，总体表现为费米面进入导带。

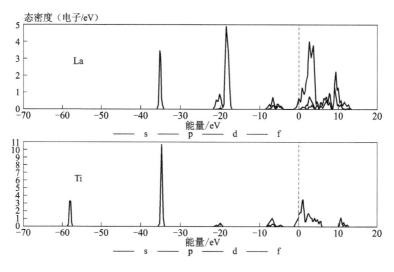

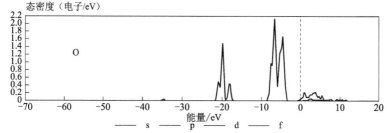

图 5-9　$LaTiO_3$ 的分波态密度

2. LaTiO$_3$的介电函数和反射率

应用第一性原理计算，在 10.6 μm 激光波长时，LaTiO$_3$ 的介电函数虚部为 63.9，介电函数实部为 72.9，反射率为 68.3%，在陶瓷材料中反射率较高。并且对于波长较短的 1.319 μm，LaTiO$_3$ 的反射率为 65.1%，反射率也较高。

表 5 - 1 所示为钛酸盐系列材料对应 10.6 μm 激光波长和 1.319 μm 激光波长的介电函数和反射率。钛酸盐系列的材料自上而下，随着介电函数虚部、实部的增大，反射率逐渐增大，满足介电函数虚部、实部同时影响反射率，两者越大越有利于反射率的提高。

如表 5 - 1 所示，LaTiO$_3$ 的介电函数是 CaTiO$_3$、SrTiO$_3$ 和 BaTiO$_3$ 材料的 4 倍左右，介电函数较大。这主要是由于 LaTiO$_3$ 的 A 位原子序数较大，并且 La 元素具有特殊的 d 轨道电子，价电子和原子序数与传导电子的等离子体频率 ω_p 有关，价电子越多，原子序数越大，ω_p 越大，ω_p 的增大导致介电函数虚部曲线向左移动，即向长波移动，介电函数实部曲线向右移动，即向短波移动，这样就使得 10.6 μm 波长时的介电函数增大。

LaTiO$_3$ 的反射率也是 CaTiO$_3$、SrTiO$_3$ 和 BaTiO$_3$ 材料的 4 倍左右，反射率的增大幅度较大。与 CaTiO$_3$、SrTiO$_3$ 和 BaTiO$_3$ 相比，LaTiO$_3$ 的介电函数较大，使得 LaTiO$_3$ 的反射率较大。除了从介电函数的角度分析以外，可以应用能带结构从根本上分析 LaTiO$_3$ 反射率较大的原因，LaTiO$_3$、CaTiO$_3$、SrTiO$_3$ 和 BaTiO$_3$ 四种材料属于同一空间群，造成能带结构具有很多共同的特点，如第一布里渊区内的特殊点相同，并且导带底和价带顶位于同一点，均属于直接带隙材料，导带和价带的形状也十分相似。但是相对于 CaTiO$_3$、SrTiO$_3$ 和 BaTiO$_3$，LaTiO$_3$ 的最大的特点就是费米面进入导带，A 位原子序数的增大使得导带向低能级移动，即费米面向高能级方向移动，进而进入导带，这样大部分活泼的外层电子离导带更近，并且部分电子处于导带，可自由带间跃迁，表现出金属的性质，反射率提高。

由能带的能量分布可得到各材料的禁带宽度，LaTiO$_3$ 的费米面进入导带，使得禁带表现出光学带隙的形式，虽然相对于 CaTiO$_3$、SrTiO$_3$ 和 BaTiO$_3$ 的禁带宽度，LaTiO$_3$ 的光学带隙较宽，禁带的增大使得电子需要吸收更多的光子才能跃迁到导带上，不利于带间跃迁，即不利于反射率的提高。但是 LaTiO$_3$ 的反射率仍然较高，这说明 LaTiO$_3$ 的费米面进入导带的积极作用占主导地位。

表 5－1　钛酸盐系列材料对应 10.6 μm 激光波长和 1.319 μm
激光波长的介电函数和反射率

材料	介电函数虚部	介电函数实部	反射率 10.6 μm/%	反射率 1.319 μm/%
CaTiO$_3$	0	5.8	17.0	17.5
SrTiO$_3$	0	5.9	17.4	18.1
BaTiO$_3$	0	6.0	17.8	18.7
LaTiO$_3$	63.9	72.9	68.3	65.1

5.2.2　LaTiO$_3$ 高温时的反射性能研究

1. 参数设置

当激光作用在材料表面时，激光的热效应会引起材料的温度升高，但是材料的性能是温度的函数，在不同的温度下，材料反射率可能不同，并且在温度接近材料的熔点时材料的反射率会有突降。所以为了保证在高温下即非常温下材料仍具有较高的反射率，研究材料在高温下的反射率十分必要。

Materials Explorer 软件中涉及势函数的选择，Buckingham 势是一种广泛应用于陶瓷材料能够比较准确地描述陶瓷材料中原子间相互作用的势函数，表 5－2 所示为 LaTiO$_3$ 的 Buckingham 势参数。其他参数：系综采用 NTP 系综，计算步数为 50 000 步，步长 0.1 fs，晶胞扩展为 5×5×5，压力为 1 atm。

表 5－2　LaTiO$_3$ 的 Buckingham 势参数

种类	A		ρ		C	
	eV	gÅ^2/fs^2	Å	1/Å	eV Å-6	g Å^8/fs^2
O^{2-}－O^{2-}	35 686.18	5.709 788 8e－22	0.201 0	4.975 124 0	32.00	5.120 00e－25
La^{3+}－O^{2-}	2 266.26	3.630 55e－23	0.327 6	3.052 5	23.25	3.724 65e－25
Ti^{4+}－O^{2-}	1 859.40	2.978 76e－23	0.295 9	3.379 52	0	0
Ti^{3+}－O^{2-}	1 715.7	2.745 12e－23	0.306 9	3.258 39	0	0
Sr^{2+}－O^{2-}	959.1	1.534 56e－23	0.372 1	2.687 45	0	0

为了验证参数设置的准确性和合理性，本章首先采用常见氧化物 ZrO$_2$ 做验证，图 5－10 所示为单斜 ZrO$_2$ 在 400 K 和 1 300 K 时的晶格常数和温度随步数的变化。由图中可知，随着步数的增加，ZrO$_2$ 的温度加载正常，晶格常数值逐渐趋于稳定。

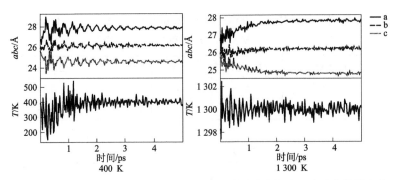

图 5 - 10　单斜 ZrO_2 在 400 K 和 1 300 K 时的晶格常数和温度随步数的变化

表 5 - 3 所示为单斜 ZrO_2 在 400 K 和 1 300 K 时的晶格常数，由表中可知，在非常温下，单斜 ZrO_2 的 a、b 轴缩短，c 轴拉长，键角趋于 90°。在实际 ZrO_2 相变中，在 1 200 ~ 1 500 K 时，单斜相会向四方相转变，键角变成 90°，并且转变的过程就是 a、b 轴缩短，c 轴拉长。R. N. Patil 和 E. C. Subbarao 等实验测得了 1 287 K 和 1 313 K 时的 ZrO_2 的晶格常数，见表 5 - 4，由表 5 - 3 和表 5 - 4 对比可知，计算结果与实验结果比较接近，所以此参数设置的计算结果较准确。

表 5 - 3　单斜 ZrO_2 在 400 K 和 1 300 K 时的晶格常数

温度/K	a/Å	b/Å	c/Å	α/(°)	β/(°)	γ/(°)
原始	5.151	5.203	5.315	90	99.197	90
400	5.054	4.890	5.596	90.011	90.074	90.004
1 300	5.144	4.945	5.576	90.395	89.811	90.007

表 5 - 4　ZrO_2 不同温度时的晶格常数

温度/K	a/Å	b/Å	c/Å
1 287	5.193 1	5.211 6	5.386 2
1 313	5.190 6	5.212	5.389 9

2. $LaTiO_3$ 高温时的晶格常数、介电函数和反射率

图 5 - 11 所示为 $LaTiO_3$ 从 400 K 到 1 500 K 时的晶格常数的变化，随着温度的升高，晶格常数近似线性逐渐增大。这主要是由于温度升高，材料发生热膨胀引起的。

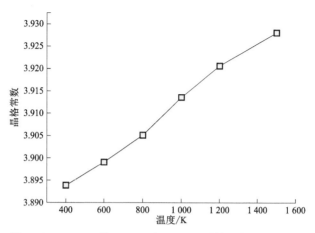

图 5 - 11　LaTiO₃ 从 400 K 到 1 500 K 时的晶格常数的变化

图 5 - 12 所示为 LaTiO₃ 从 400 K 到 1 500 K 时的介电函数的变化，随着温度升高，介电函数逐渐减小，介电函数虚部由 68.0 降至 63.6，介电函数实部由 77.1 降至 72.7，减小的幅度很小，只有 6%。

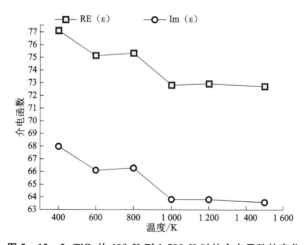

图 5 - 12　LaTiO₃ 从 400 K 到 1 500 K 时的介电函数的变化

图 5 - 13 所示为 LaTiO₃ 从 400 K 到 1 500 K 时的反射率的变化，随着温度升高，反射率逐渐降低，但是降低幅度不大，在不考虑可能发生相变的情况下，LaTiO₃ 反射率在 1 500 K 以下的温度范围内反射率稳定，保持在 68% 以上，反射性能很好。

为了验证高温反射率计算方法的准确性，本章作者以温度为 300 K 时为例，通过两种方式计算材料的反射率，第一种为直接采用第一性原理的 Materials Studio 软件计算 LaTiO₃ 基态时的反射率。此软件计算的是在无任何外界的影

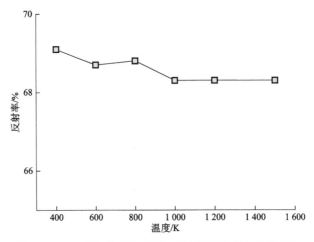

图 5 – 13　LaTiO$_3$从 400 K 到 1 500 K 时的反射率的变化

响下，材料的最低能量即最稳定的情况，计算此时材料具有的各种性质，所以得到的是基态时的性能；第二种为采用 Materials Explorer 软件和 Materials Studio 软件相结合，计算材料在 300 K 即室温时的反射率。由于基态和室温都是在材料没有外界环境影响的情况下，所以其结果一定不会相差很大，通过比较两种方式的计算结果可验证计算高温反射率所用方法的准确性。

表 5 – 5 所示为两种方式计算的基态时的计算结果，由表中可知，两种方式的计算结果十分相近，晶格常数、介电函数和反射率误差不到 1%，结果表明采用分子动力学与第一性原理相结合的方式计算材料光学性能的方法准确合理。

表 5 – 5　两种方式计算的基态时的计算结果

温度/K	a/ Å	介电函数虚部	介电函数实部	反射率/%
基态	3.920	63.9	72.9	68.3
300	3.892 656	68.0	77.0	69.1

5.2.3　LaTiO$_3$掺杂改性新型高反射率材料设计

1. 新材料设计思路

LaTiO$_3$具有以下特点：对称性较好，对称操作数较高；由于 La 元素具有 d 轨道电子，价电子较多，原子序数较大，使得介电函数曲线发生移动，进而 10.6 μm波长时的介电函数较大；A 位原子序数的增大，会使材料的导带向低能级方向移动，即费米面向高能级方向移动，使得费米面进入导带，有利于反射率的提高。由于以上特点，LaTiO$_3$在陶瓷材料中具有较高的反射率，并且高温下反射性能稳定。但是材料的反射率越高越好，LaTiO$_3$的 68.3% 的反射率尚不能满足要求，所以在 LaTiO$_3$ 的基础上进行新材料的设计，得到具有更高反射率的材料。

材料的能带结构是影响激光反射率的根本因素，其中能带结构中两个重要的方面是禁带宽度和费米面位置，LaTiO$_3$的费米面已经进入导带，有利于反射率的提高，但是其光学带隙较宽，不利于反射率的提高，尚需改进。缩小禁带宽度的一个重要的方法是对材料进行掺杂，形成施主能级或受主能级，减小禁带宽度。由于钙钛矿结构的材料 B 位原子位于 O 八面体内，对原子半径要求较大，因而取代 B 位原子很困难，所以本章对 LaTiO$_3$进行 A 位掺杂，即掺杂一种原子使其替换 La 原子。

对材料掺杂原子后，原子尺寸的不同，会造成晶胞发生畸变，产生应变，晶胞畸变是材料的一种缺陷，会影响激光反射率的大小，所以掺杂时尽量减少晶格畸变，选择原子尺寸相近的元素。表 5 - 6 为几种元素的离子半径，这几种元素可形成常见的钙钛矿型钛酸盐材料，由表中可知，Sr 元素和 Pb 元素与 La 元素的离子半径相近。

表 5 - 6　几种元素的离子半径

元素	Ca	Sr	Ba	La	Pb
离子半径/Å	1.00	1.26	1.42	1.18	1.19

表 5 - 7 为几种元素形成的钙钛矿型钛酸盐材料的晶格常数，由此可知，与钛酸根相互作用后，SrTiO$_3$的晶格常数和 LaTiO$_3$最相近，即 Sr 和钛酸根相互作用后形成的晶胞大小与 La 和钛酸根相互作用形成的晶胞大小最相近，而 Pb 与钛酸根无法形成立方钙钛矿，则向 LaTiO$_3$中掺杂 Pb 会造成较大的晶格畸变，而掺杂 Sr 引起的晶格畸变将会较小，所以本章作者对 LaTiO$_3$进行掺杂 Sr，形成 La$_{1-x}$Sr$_x$TiO$_3$，掺杂量为 x。

表 5 - 7　几种元素形成的钙钛矿型钛酸盐材料的晶格常数

材料	空间群	晶系	对称操作数	晶格常数/Å
CaTiO$_3$	PM - 3M	C	48	3.8, 3.8, 3.8
SrTiO$_3$	PM - 3M	C	48	3.9, 3.9, 3.9
BaTiO$_3$	PM - 3M	C	48	4.0, 4.0, 4.0
LaTiO$_3$	PM - 3M	C	48	3.9, 3.9, 3.9
PbTiO$_3$	P4/MMM	T	16	3.9, 3.9, 4.15

2. 晶体几何模型

在实际材料的掺杂时，各个位置上的原子是不固定的，按照掺杂比例随机占位，但是基于第一性原理的 Materials Studio 软件无法计算对于某个位置原子占位不确定的情况。并且由于此软件在晶体几何模型的创建过程中，认为晶胞中等效位置上必须占据相同的原子，替换一个原子后所有的等效位置均会替换成此原子，所以此软件对复杂配比的材料很难计算。由于程序的限制，对于掺杂的材料晶体几何模型的建立是一个难点。

本章作者采用将某一位置上的原子直接替换成另一种原子的形式解决原子占位不确定的问题，这样某个位置上的原子占位概率为 1，而不是按照配比的概率占据。采用晶胞扩展的方式解决掺杂比例的问题，若采用单胞进行掺杂，则 A 位的 La 原子处于立方体的 8 个顶点，均属于同一等效位置，无论将哪一个 La 原子替换成 Sr 原子，则整个单胞都会变成 Sr 原子，无法进行掺杂，所以本章作者构建超晶胞，使等效位置减少，则实现某一比例的掺杂，图 5 - 14 所示为掺杂量分别为 0.125、0.25、0.5、0.75 的超晶胞，超晶胞的大小根据掺杂比例的需要进行单胞的扩展。对于同一掺杂比例，会有不同的原子替换方式，如掺杂量为 0.25 时有三种替换方式，掺杂量为 0.5 时有两种替换方式。

在基于分子动力学的 Materials Explorer 软件中掺杂材料的晶体几何模型建立较简单，不遵守等效位置必须具有相同原子的规律，所以可随意替换原子，但为了保持统一性，在 Materials Explorer 软件中原子的取代方式与 Materials Studio 中完全相同。

Materials Explorer 软件的势函数仍采用 Buckingham 势，$La_{1-x}Sr_xTiO_3$ 的 Buckingham 势参数见表 5 - 8，系综采用 NTP 系综，计算步数为 50 000 步，步长 0.1 fs，晶胞扩展为 $5 \times 5 \times 5$，压力为 1 atm。

表 5 - 8　$La_{1-x}Sr_xTiO_3$ 的 Buckingham 势参数

种类	A		ρ		C	
	eV	$g\text{Å}^2/fs^2$	Å	$1/\text{Å}$	$eV\ \text{Å}^{-6}$	$g\ \text{Å}^8/fs^2$
$O^{2-} - O^{2-}$	35 686.18	5.709 788 8e - 22	0.201 0	4.975 124 0	32.00	5.120 00e - 25
$La^{3+} - O^{2-}$	2 266.26	3.630 55e - 23	0.327 6	3.052 5	23.25	3.724 65e - 25
$Ti^{4+} - O^{2-}$	1 859.40	2.978 76e - 23	0.295 9	3.379 52	0	0
$Ti^{3+} - O^{2-}$	1 715.7	2.745 12e - 23	0.306 9	3.258 39	0	0
$Sr^{2+} - O^{2-}$	959.1	1.534 56e - 23	0.372 1	2.687 45	0	0

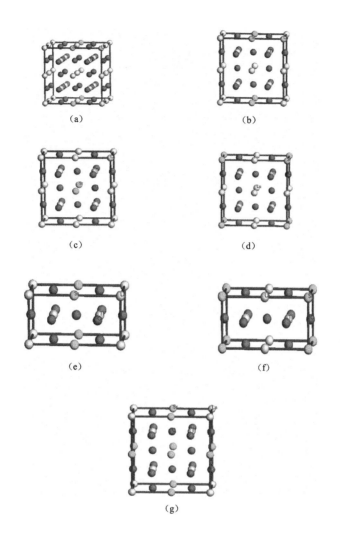

图 5 – 14 掺杂量分别为 0.125、0.25、0.5、0.75 的超晶胞

(a) $La_{0.875}Sr_{0.125}TiO_3$ 超晶胞 $2 \times 2 \times 2$; (b) $La_{0.75}Sr_{0.25}TiO_3$ (1) 超晶胞 $2 \times 2 \times 1$; (c) $La_{0.75}Sr_{0.25}TiO_3$ (2) 超晶胞 $2 \times 2 \times 1$; (d) $La_{0.75}Sr_{0.25}TiO_3$ (3) 超晶胞 $2 \times 2 \times 1$; (e) $La_{0.5}Sr_{0.5}TiO_3$ (1) 超晶胞 $2 \times 1 \times 1$; (f) $La_{0.5}Sr_{0.5}TiO_3$ (2) 超晶胞 $2 \times 1 \times 1$; (g) $La_{0.25}Sr_{0.75}TiO_3$ 超晶胞 $2 \times 2 \times 1$

3. 不同 Sr 含量的 $La_{1-x}Sr_xTiO_3$ 基态时的反射性能研究

由于在晶体几何模型建立时，对于相同的掺杂比例，可能会有多种的原子替换方式，替换不同的位置都可以实现某一比例的掺杂，表 5 – 9 所示为 $La_{0.75}Sr_{0.25}TiO_3$ 和 $La_{0.5}Sr_{0.5}TiO_3$ 不同原子替换方式得到的介电函数和反射率。

表 5-9   La$_{0.75}$Sr$_{0.25}$TiO$_3$ 和 La$_{0.5}$Sr$_{0.5}$TiO$_3$ 不同原子替换方式得到的介电函数和反射率

材料	介电函数实部	介电函数虚部	反射率/%	反射率平均值/%
La$_{0.75}$Sr$_{0.25}$TiO$_3$（1）	154 700	148 327	99.20	
La$_{0.75}$Sr$_{0.25}$TiO$_3$（2）	133 113	127 627	99.14	99.2
La$_{0.75}$Sr$_{0.25}$TiO$_3$（3）	160 060	153 467	99.21	
La$_{0.5}$Sr$_{0.5}$TiO$_3$（1）	47.22	35.70	60.99	61.0
La$_{0.5}$Sr$_{0.5}$TiO$_3$（2）	47.24	35.72	60.99	

由表 5-9 可知，采用不同的原子替换方式得到的反射率差异在 0.06% 以内，十分小，可忽略不计，所以对于相同掺杂比例的材料，不同原子替换方式得到的晶体几何模型对反射率几乎无影响。这是由于虽然在单个超晶胞内原子的位置表现出来的不同，但是若将超晶胞无限周期性扩展，实际上这些不同的原子替换位置都是一样的，所以对反射率几乎无影响。

图 5-15 所示为不同 Sr 含量的 La$_{1-x}$Sr$_x$TiO$_3$ 的态密度，从图中可知，掺杂 Sr 之后，La$_{1-x}$Sr$_x$TiO$_3$ 的费米面仍然处于导带内，但是导带所处能量却有差异，表 5-10 所示为不同 Sr 含量的 La$_{1-x}$Sr$_x$TiO$_3$ 导带底所处的能量及禁带宽度。

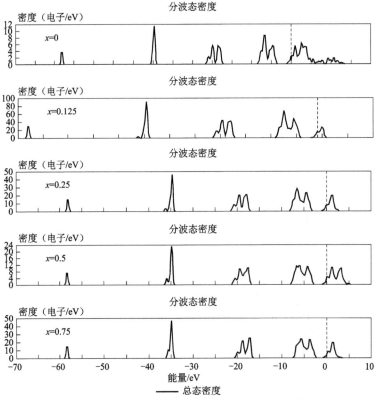

图 5-15   不同 Sr 含量的 La$_{1-x}$Sr$_x$TiO$_3$ 的态密度

表 5 – 10　不同 Sr 含量的 La$_{1-x}$Sr$_x$TiO$_3$导带底所处的能量及禁带宽度

x	导带底所处的能量/eV	禁带宽度或光学带隙/eV
0	– 1.73	1.17
0.125	– 1.78	0.89
0.25	– 1.79	0.74
0.5	– 1.73	0.51
0.75	– 1.47	0.23
1	0.99	0.26

　　由表 5 – 10 可知，当 x 分别为 0、0.125、0.25 时，随着 Sr 掺杂量的增加，导带底所处能量逐渐降低，即能带逐渐向低能级移动，费米面向高能级方向移动，当 $x = 0.25$ 时，能带移动到最低能量值；当 x 分别为 0.5、0.75、1 时，随着 Sr 掺杂量的增加，导带底所处能量逐渐增大，即能带反向向高能级移动，费米面向低能级方向移动；当 $x = 1$ 时，即材料为 SrTiO$_3$ 时，禁带已在费米面右侧。随着 Sr 掺杂量的增加，禁带宽度逐渐减小。这是由于 Sr 原子相对于 La 原子少一个价电子，但是能提供带隙中空的能级，形成受主能级，位于导带和价带之间，减小了禁带宽度。

　　图 5 – 16 所示为 La$_{1-x}$Sr$_x$TiO$_3$的介电函数和反射率，为 La$_{1-x}$Sr$_x$TiO$_3$随着掺杂量 x 的逐渐增大介电函数和反射率的变化，由图中可知，当 x 分别为 0、0.125、0.25 时，随着 Sr 掺杂量的增加，La$_{1-x}$Sr$_x$TiO$_3$的介电函数和反射率逐渐增大，当 $x = 0.25$ 时，反射率达到最大值为 99.2%；当 x 分别为 0.5、0.75、1 时，随着 Sr 掺杂量的增加，La$_{1-x}$Sr$_x$TiO$_3$的介电函数和反射率逐渐减小，当 $x = 0.75$ 时，反射率只有 8.5%。

　　介电函数和反射率之所以有这样的变化趋势是因为当 x 分别为 0、0.125、0.25 时，随着 Sr 掺杂量的增加，能带向低能级方向移动，使得处于费米面以下的活泼价电子增多，能够参与带间跃迁的电子增多，利于激光的反射。所以导带越向低能级移动越有利于反射率的提高，并且随着 Sr 掺杂量的增加，禁带宽度逐渐减小，有利于电子的带间跃迁，两者综合作用使得反射率逐渐增大。相反，当 x 分别为 0.5、0.75、1 时，随着 Sr 掺杂量的增加，导带反向向高能级方向移动，能够参与带间跃迁的电子减少，不利于激光的反射，并且随着 Sr 掺杂量的增加，尽管 Sr 离子与 La 离子的离子半径较接近，Sr^{2+} 的离子半径 1.26 Å，La^{3+} 的离子半径 1.18 Å，但仍会产生一定的晶格畸变，形成缺陷，不利于激光反射率的提高；虽然随着 Sr 掺杂量的增加，禁带宽度逐渐减小，有利于电子的带间跃迁，但是三者的综合作用还是使得反射率逐渐降低，所以当掺杂量达到0.75时，反射率只有8.5%。

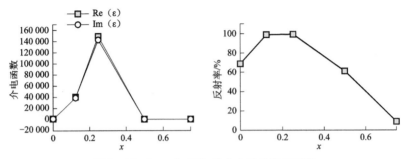

图5-16 $La_{1-x}Sr_xTiO_3$的介电函数和反射率

通过对$LaTiO_3$进行掺杂，得到$La_{1-x}Sr_xTiO_3$，与之前研究的规律相符，掺杂后掺杂原子形成施主能级使禁带宽度变窄，并且导带的移动有利于反射率的提高，当掺杂量为0.25时，$La_{0.75}Sr_{0.25}TiO_3$的反射率达到99.2%，此反射率极高，可以与金属金和铝相匹敌，完全满足激光反射率的要求，达到了设计具有高反射率新材料的目的。

5.3 高反射率激光防护涂层制备及性能研究[20]

由5.2节介绍，设计出了$La_{1-x}Sr_xTiO_3$新型高反射率陶瓷材料，本节以此材料为例，说明其涂层制备及性能分析的研究过程。由于后续研究中发现，氧含量在不同的工艺条件下可能会有差异，因此本节将分子式改写为$La_{1-x}Sr_xTiO_{3+\delta}$（其中$\delta$可能大于0，也可能小于0）。

5.3.1 $La_{1-x}Sr_xTiO_{3+\delta}$防护涂层制备工艺

本小节作者采用热喷涂中应用广泛的等离子喷涂工艺进行涂层制备，目前，针对采用等离子喷涂工艺制备$La_{1-x}Sr_xTiO_{3+\delta}$涂层的研究鲜有报道，对于该钙钛矿结构材料在热喷涂过程中是否存在相变分解、成分变化、空位缺陷产生及涂层沉积率低等问题尚不明确。因此，首先有必要设计试验对等离子喷涂工艺制备$La_{1-x}Sr_xTiO_{3+\delta}$涂层的可行性进行探究，在此基础之上指导优化喷涂工艺实现具有优良性能的$La_{1-x}Sr_xTiO_{3+\delta}$涂层制备及其微观结构调控。

该涂层由黏结层（MCoAlY）和陶瓷层（$La_{1-x}Sr_xTiO_{3+\delta}$）双层结构组成，黏结层的使用有利于缓解金属基体与陶瓷层之间热物理性能不匹配，从而提高涂层的结合强度。分别采用超声速火焰喷涂、等离子喷涂进行黏结层和 $La_{1-x}Sr_xTiO_{3+\delta}$ 陶瓷层沉积制备。

1. 基体材料及预处理

选用碳钢及 GH4169 高温合金作为喷涂试样的基体材料。根据测试标准要求及试验需要，所采用基体的尺寸设计如图 5-17 所示，主要包含以下三种规格：40 mm × 15 mm × 2.72 mm，用于分析涂层的表面、截面、断面和孔隙特征；$\phi25.4 \times 10$ mm，用于涂层的结合强度测试；$\phi24 \times 2$ mm，用于研究涂层在高能激光作用下的辐照行为及相互作用机制。

陶瓷涂层试样采用陶瓷层/黏结层/基体结构。本小节中热喷涂试验所选用的黏结层材料为 MCoAlY 合金粉末，其化学成分为 Co - 32Ni - 21Cr - 8Al - 0.5Y，粒度分布为 20 ~ 80 μm。该材料在喷涂过程中与基体产生有效的机械结合或部分冶金结合，获得高结合强度、致密性好的涂层。此外，由于黏结层具有一定的塑韧性，作为中间过渡层可以很好地缓解基体与陶瓷层乃至整个涂层结构体系中热膨胀系数不匹配等问题，有效降低热喷涂过程中产生的热应力。

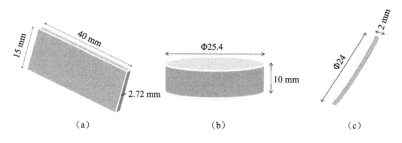

(a)   (b)   (c)

图 5-17 基体材料形状示意图
(a) 40 mm × 15 mm × 2.72 mm；(b) $\phi25.4 \times 10$ mm；(c) $\phi24 \times 2$ mm

为了提高涂层与基体之间的结合强度，在喷涂之前需要对基体表面进行相应的预处理。

（1）表面净化。通过有机溶剂丙酮或酒精对喷涂基体表面进行去污、去油等净化处理，以除去工件表面包括油渍在内的所有污垢。

（2）表面粗糙化。通过对净化后的待喷涂基体表面进行喷砂处理，以达到增加其表面粗糙度的效果，从而有助于提高喷涂颗粒沉积过程中与基体的有效结合，使整个涂层结构体系具有高的结合强度。

（3）喷涂前预热。利用热喷涂焰流对喷涂基体进行扫描预热，使工件预热温度达到 200 ℃ 左右为宜。

2. 等离子喷涂系统及工艺参数

大气等离子喷涂系统主要由喷枪移动系统和喷涂系统两个模块组成。其中喷枪移动系统选用 ABB – IRB4600 型的六轴机械手，通过调节控制喷枪的移动行程、移动速率及喷枪离试样表面的喷涂距离，保证涂层质量的稳定性与可重复性。喷涂系统选用 Praxair 5500 型大气等离子喷涂设备，喷枪选用 SG – 100，送粉器采用 1264 体积型送粉器。该系统通过调控喷涂主气、辅气、载气、电流、送粉量、喷涂距离等工艺参数使涂层有效沉积。首先尝试优化涂层性能，大气等离子喷涂 $La_{1-x}Sr_xTiO_{3+\delta}$ 的工艺参数见表 5 – 11。

表 5 – 11　大气等离子喷涂 $La_{1-x}Sr_xTiO_{3+\delta}$ 的工艺参数

样品	电流/A	主气 Ar/SCFH	辅气 He/SCFH	载气 Ar/SCFH	喷涂距离/mm
$La_{1-x}Sr_xTiO_{3+\delta}$ – 1	750	110	30	10	65
$La_{1-x}Sr_xTiO_{3+\delta}$ – 2	800	90	40	10	65
$La_{1-x}Sr_xTiO_{3+\delta}$ – 3	900	80	50	10	65
$La_{1-x}Sr_xTiO_{3+\delta}$ – 4	700	110	30	10	65
$La_{1-x}Sr_xTiO_{3+\delta}$ – 5	650	100	15	10	80
$La_{1-x}Sr_xTiO_{3+\delta}$ – 6	600	110	10	10	80
$La_{1-x}Sr_xTiO_{3+\delta}$ – 7	600	120	0	10	80

5.3.2　$La_{1-x}Sr_xTiO_{3+\delta}$ 涂层的组织结构及力学性能

1. 涂层物相结构

在等离子喷涂过程中，喷涂颗粒飞行过程一直处在高温的等离子体焰流环境中，因此可能导致喷涂颗粒发生相转变或分解，这将增加具有复杂结构材料的喷涂沉积难度。

图 5 – 18 为 $La_{1-x}Sr_xTiO_{3+\delta}$ 喷涂颗粒经不同等离子喷涂工艺所制备涂层的 X 射线衍射（XRD）图谱。对比分析可见，经等离子喷涂沉积形成的 $La_{1-x}Sr_xTiO_{3+\delta}$ 涂层中，其组成的主相结构与喷涂粉体物相结构保持一致，并与标准物相卡片所对应的特征峰相匹配，即呈斜方钙钛矿结构的 $SrLa_8Ti_9O_{31}$ 物相组织结构。同时，在衍射峰高角度区域，可以发现有立方相 $SrTiO_3$ 微弱的衍射峰存在，但该物相的三强衍射峰并没有全部出现。因此可以推断涂层的物相结构中虽然存在微量的立方相，但是整体还是以 $SrLa_8Ti_9O_{31}$ 物相为主。在高温的等离子喷涂焰流中，微量

$SrTiO_3$ 来源于少部分 $La_{1-x}Sr_xTiO_{3+\delta}$ 喷涂颗粒发生的一定程度分解，其分解过程如下：

$$SrLa_8Ti_9O_{31} \rightarrow SrTiO_3 + La_2O_3 \qquad (5-19)$$

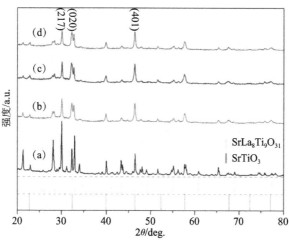

图 5 - 18　$La_{1-x}Sr_xTiO_{3+\delta}$ 喷涂颗粒经不同等离子喷涂工艺所制备涂层的 X 射线衍射图谱

伴随着喷涂颗粒分解得到 $SrTiO_3$ 的过程中，同时也会有 La_2O_3 产生，但该氧化物因具有高的饱和蒸汽压，在喷涂过程中较容易挥发，这也导致了在 XRD 图谱中没有其衍射峰出现。

涂层中立方相 $SrTiO_3$ 的形成说明了喷涂过程相变分解现象的发生，同时 $SrTiO_3$ 与 $SrLa_8Ti_9O_{31}$ 之间的相对含量则反映了相分解程度，即涂层中 $SrTiO_3$ 的比例越高，涂层分解程度就越大，这一变化规律与喷涂功率的大小密切相关。由于喷涂功率是影响等离子射流对喷涂颗粒加热效果的最主要因素，其大小决定着喷涂颗粒经历不同的加热熔化状态，即喷涂颗粒的熔化程度或相结构具有可调控性。

为了研究喷涂功率对涂层相分解程度的影响，利用 XRD 图谱进行分析。图 5 - 19 为 $La_{1-x}Sr_xTiO_{3+\delta}$ 涂层中 $SrTiO_3$（211）和 $SrLa_8Ti_9O_{31}$（420）、$SrLa_8Ti_9O_{31}$（2，1，13）的 X 射线特征衍射峰随喷涂功率的变化，研究结果表明随着喷涂功率的增大，$SrTiO_3$（211）衍射峰逐渐增强，而 $SrLa_8Ti_9O_{31}$（420）、$SrLa_8Ti_9O_{31}$（2，1，13）衍射峰相对减弱，即随着喷涂功率的提高，涂层中 $SrTiO_3$（211）含量越来越多。根据 XRD 结果，通过利用 K 值法进行近似计算，$La_{1-x}Sr_xTiO_{3+\delta}$ 涂层中 $SrTiO_3$ 的百分含量随喷涂功率变化规律如图 5 - 20 所示。可以看出 $La_{1-x}Sr_xTiO_{3+\delta}$ 涂层中 $SrTiO_3$ 含量与喷涂功率呈正相关，当喷涂颗粒受到较高温度的等离子焰流加热作用时，相应涂层中的完全熔化区域将扩大。但是通过估算可知涂层中最多存在

3.5%的 $SrTiO_3$，因此利用等离子喷涂工艺能够制备与喷涂粉体物相结构基本一致的 $La_{1-x}Sr_xTiO_{3+\delta}$ 涂层。

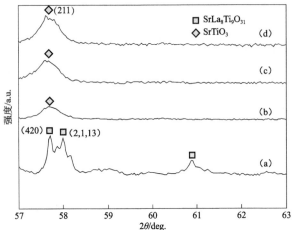

图 5 – 19　$La_{1-x}Sr_xTiO_{3+\delta}$涂层中 $SrTiO_3$（211）和 $SrLa_8Ti_9O_{31}$（420）、$SrLa_8Ti_9O_{31}$（2，1，13）的 X 射线特征衍射峰随喷涂功率的变化

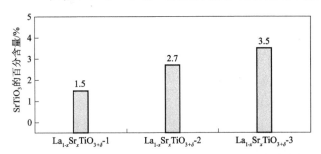

图 5 – 20　$La_{1-x}Sr_xTiO_{3+\delta}$涂层中 $SrTiO_3$ 的百分含量随喷涂功率变化规律

此外，通过喷涂前后的 XRD 图谱对比（图 5 – 18），可以发现 $La_{1-x}Sr_xTiO_{3+\delta}$涂层 X 射线衍射峰的相对峰强要比喷涂粉体有明显降低，并且出现衍射峰宽化。该现象可能是由涂层中晶粒细化或热应力所引起。另外，这也与等离子喷涂过程中的非平衡凝固特性有关。由于喷涂过程中所使用的等离子弧是一种典型高能热源，当熔融颗粒沉积凝固时可以产生较大的冷却速度，约为 10^6 K/s。在这种非平衡凝固条件下，涂层晶粒的生长特性与喷涂颗粒晶粒之间有很大的差别。如图 5 – 21 所示，对 X 图谱中的（217）晶面所对应的最高强度特征峰半高峰宽进行分析。从图中可以看出，随着喷涂功率的提高，喷涂后涂层中（217）晶面的半高峰宽逐渐增大。由喷涂粉体中的 0.140°宽化到 $La_{1-x}Sr_xTiO_{3+\delta}$ – 3 涂层中的 0.254°，这与涂层制备过程中快的冷却速度有关。

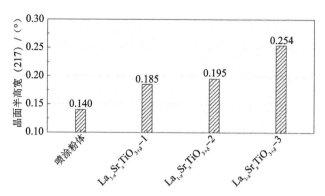

图 5 - 21 等离子喷涂粉体及不同涂层中（217）晶面处的半高宽

2. 涂层的表面形貌

在等离子喷涂 $La_{1-x}Sr_xTiO_{3+\delta}$ 单颗粒沉积的研究基础之上，开始制备相应的 $La_{1-x}Sr_xTiO_{3+\delta}$ 涂层并对其组织结构展开研究。利用扫描电镜分别对该涂层的表面、截面和断面微观组织结构进行分析，图 5 - 22 为采用不同等离子喷涂工艺制备的 $La_{1-x}Sr_xTiO_{3+\delta}$ 涂层的表面形貌。如图所示，三种涂层的表面形貌清晰地反映出不同的熔化程度及铺展情况。

$La_{1-x}Sr_xTiO_{3+\delta}$ - 1 涂层表面组织结构中存在未完全熔融且铺展程度低的未熔颗粒，如图 5 - 22（a）中箭头所示，这是由于相对较低的等离子喷涂电流所导致。喷涂颗粒在等离子焰流中未得到充分加热熔化时，只能发生部分铺展且表面相对粗糙，此时粗糙度接近 $Ra10\ \mu m$。不同的喷涂颗粒间层状搭接不致密，存在明显的微裂纹及较大的孔隙。如图 5 - 22（b）所示，进一步提高等离子喷涂电流，$La_{1-x}Sr_xTiO_{3+\delta}$ - 2 涂层呈现出大面积的比较光滑平坦的区域。这是由于喷涂颗粒经等离子焰流充分加热后完全熔化成液滴，撞击基体沉积时可以充分铺展且呈近圆饼状，沿其厚度方向有利于等离子喷涂典型柱状晶结构的形成。铺展后的熔融颗粒周围伴随不同程度的熔融液滴飞溅形态产生，此时完全铺展的熔融颗粒很容易填充层间间隙，并实现层与层之间的有效结合，从而提高涂层的致密度及结合强度。由于喷涂颗粒得到了有效的铺展，涂层表面相对平坦及光滑，表面粗糙度仅为 $Ra5\ \mu m$。因此，$La_{1-x}Sr_xTiO_{3+\delta}$ - 2 涂层相对致密，组织结构分布均匀，该涂层可能具有良好的力学性能。随着等离子喷涂功率的进一步提高，在 $La_{1-x}Sr_xTiO_{3+\delta}$ - 3 涂层中部分区域形成了细小呈多孔状的重结晶组织，如图 5 - 22（c）中箭头所示。这是由于在此喷涂工艺条件下，经等离子焰流充分熔融的喷涂颗粒，其部分区域沉积时温度超过 $La_{1-x}Sr_xTiO_{3+\delta}$ 材料的熔点，伴随着极快的冷却速度（$10^{-6} \sim 10^{-5}\ K/s$）导致重结晶现象的发生。该重

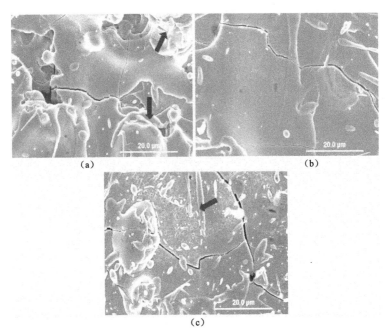

图 5 - 22　采用不同等离子喷涂工艺制备的 $La_{1-x}Sr_xTiO_{3+\delta}$ 涂层的表面形貌

（a）$La_{1-x}Sr_xTiO_{3+\delta}$ - 1；（b）$La_{1-x}Sr_xTiO_{3+\delta}$ - 2；（c）$La_{1-x}Sr_xTiO_{3+\delta}$ - 3

结晶组织在高温时没有足够的时间进行晶粒长大，便形成上述结构。

等离子喷涂涂层的性能与喷涂颗粒的熔化状态密切相关，由以上分析可知，$La_{1-x}Sr_xTiO_{3+\delta}$ - 2 涂层相对致密，组织结构分布均匀，以该涂层为代表进一步对涂层的截面组织结构及力学性能分析研究。

3. 涂层的截面形貌

图 5 - 23 所示为等离子喷涂 $La_{1-x}Sr_xTiO_{3+\delta}$ - 2 涂层的截面及断面组织形貌。从图 5 - 23（a）中可以看出，$La_{1-x}Sr_xTiO_{3+\delta}$ - 2 涂层中基体、黏结层及陶瓷层之间结合紧密，表现出具有高结合强度的潜力。涂层中的孔隙呈不均匀分布，其中包括由于喷涂颗粒熔化不充分所导致的条纹状孔隙，其长径大于 $10\ \mu m$。其他的孔隙多为细小球状，孔径小于 $2\ \mu m$，这些孔隙是伴随着熔融颗粒在快速冷却过程中收缩所形成的。对孔隙率计算分析可以得出，$La_{1-x}Sr_xTiO_{3+\delta}$ - 2 涂层具有较低的孔隙率（3.5%），比等离子喷涂 $BaTiO_3$（孔隙率 4.7%）和 $CaTiO_3$（孔隙率 11.7%）等钛酸盐陶瓷涂层更加致密。因此，进一步验证了该喷涂工艺能够确保喷涂颗粒在等离子焰流中得到充分熔融并在随后的沉积过程中进行有效铺展，即涂层中的缺陷明显减少，这与该涂层表面

形貌的分析相一致。

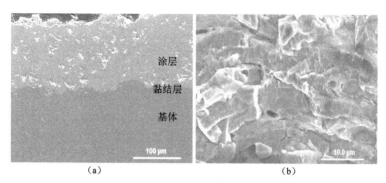

图 5 - 23 等离子喷涂 $La_{1-x}Sr_xTiO_{3+\delta}$ - 2 涂层的截面及断面组织形貌
（a）截面；（b）断面

从图 5 - 23（b）中可以看出，$La_{1-x}Sr_xTiO_{3+\delta}$ - 2 涂层断面形貌组织是由完全熔融区与局部半熔融区所构成的不同组织结构组成，二者呈相互包围或交错分布且界面处结合紧密。在完全熔融区域所形成的层状结构是由方向性明显的柱状晶构成，该柱状晶与涂层表面相垂直，同时与涂层沉积过程中较快的热传导方向相一致，使得固液界面沿垂直方向不断移动。柱状晶的各个晶粒间界面明显，生长状态良好。细密的柱状晶可以承受较大的剪切力，从而有利于改善陶瓷涂层的结合强度等力学性能。

局部半熔融区域由于结晶条件较熔融区域复杂，凝固后的微观组织结构呈现多样性。该区域的半熔融颗粒沉积时只有表层为液相的半熔化状态，沉积后形成类似烧结态的条块状组织。在完全熔融区与半熔融区之间也可能会形成互为交错存在的网状结构组织，这将对涂层的强韧性具有促进作用。

综上所述，利用等离子喷涂工艺，能够制备出与其喷涂粉体物相结构相一致的 $La_{1-x}Sr_xTiO_{3+\delta}$ 陶瓷涂层。通过优化喷涂工艺改变喷涂颗粒的熔融状态，实现对该涂层微观组织结构调控，可以获得结构相对致密、组织分布均匀及具有良好力学性能潜力的 $La_{1-x}Sr_xTiO_{3+\delta}$ 涂层。

4. $La_{1-x}Sr_xTiO_{3+\delta}$涂层的结合强度

结合强度是涂层力学性能的一个重要指标，良好的结合强度为涂层发挥其优良性能提供了有力保障。尤其是在高能激光与涂层相互作用过程中，局域化能量瞬间加载形成较大的温度梯度，极易产生较大的热应力。激光作用可能导致涂层剥落，涂层结合强度的大小将决定该激光功率密度条件下涂层剥落损伤的速率。因此，在基体表面制备高结合强度的激光防护涂层，将有利于整个材

料体系激光防护水平的提升。

根据国标 GB/T 8642—2002 的规定，采用对偶试样拉伸法对 $La_{1-x}Sr_xTiO_{3+\delta}$ 涂层进行拉伸结合强度测试分析，所测的平均结合强度为 42 MPa。图 5 - 24（a）所示为涂层结合强度测试的拉伸断口宏观形貌，在基体表面可以看见薄层拉伸胶，因此断裂发生在基体底端的拉伸胶处。图 5 - 24（b）给出了涂层断裂的具体位置示意图，并且实验时发现各个试样拉伸时断裂均发生在拉伸胶与基体的界面区域，这说明涂层内聚强度要大于所选用的拉伸胶。同时在基体与拉伸胶之间的结合强度为整个涂层体系最薄弱区域，显然 $La_{1-x}Sr_xTiO_{3+\delta}$ 涂层真实的结合强度应高于所测数值。表 5 - 12 列出了常见热喷涂涂层材料的结合强度，由表中数据对比可知，等离子喷涂 $La_{1-x}Sr_xTiO_{3+\delta}$ 涂层具有较高水平的力学性能。

图 5 - 24　等离子喷涂 $La_{1-x}Sr_xTiO_{3+\delta}$ 涂层拉伸实验
（a）断口宏观形貌；（b）断裂位置示意图

表 5 - 12　常见热喷涂涂层材料的结合强度

材料	粉体粒径/μm	结合强度/MPa
YSZ	45 ~ 74	38.5
Al_2O_3	20 ~ 40	30.2
$Sm_2Zr_2O_7$	30 ~ 70	28.6
Ag	40 ~ 70	27.5
Cu	50 ~ 80	22.1
Al	10 ~ 30	37.3

5.3.3　$La_{1-x}Sr_xTiO_{3+\delta}$ 涂层的反射性能

等离子喷涂 $La_{1-x}Sr_xTiO_{3+\delta}$ 涂层表现出优异的力学性能为其实现在激光防护领域中有效应用提供了保障，而光反射性能将直接决定涂层材料最终在激光防护过程中所发挥的作用，因此对 $La_{1-x}Sr_xTiO_{3+\delta}$ 涂层的反射性能进行分析探讨。当激光入射到涂层材料表面后，能量为 E_0 的光束将一部分被反射，一部分被吸收，剩余能量则被透射出去。因此，按照能量守恒原理可以写为

$$E_0 = E_{反射} + E_{吸收} + E_{透射} \qquad (5-20)$$

本章中所用于测定反射率的涂层样品较厚，可以认为当激光与其作用时几乎没有光透过样品，透过率可以忽略不计。

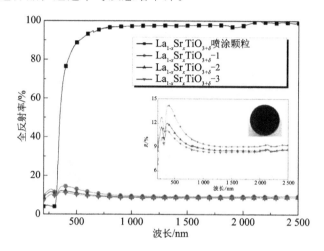

图 5 - 25　$La_{1-x}Sr_xTiO_{3+\delta}$ 喷涂粉体与等离子喷涂沉积所得涂层的反射率图谱

图 5 - 25 是 $La_{1-x}Sr_xTiO_{3+\delta}$ 喷涂粉体与等离子喷涂沉积所得涂层的反射率图谱。通过对比可以看出，等离子喷涂 $La_{1-x}Sr_xTiO_{3+\delta}$ 涂层在整个近红外波段的反射率均呈现出较大幅度下降，仅为 10% 左右且宏观色泽由白色的喷涂粉体演变为黑色涂层。这一现象的发现可以推断，该材料光学性能对热喷涂实验环境非常敏感，因此对喷涂工艺的进一步优化提出了要求。通常材料的显微结构、化学组成和晶体结构将决定其具有不同的特性，而结果表明涂层的晶体结构并未发生明显变化，因此显微结构和化学组成可能是影响其反射性能的主要因素。从微观尺度上讲，材料内部原子、离子之间的相互作用和化学键类型等是影响材料性能的根本因素。基于此，结合钙钛矿材料结构的复杂性，可以预见等离子喷涂 $La_{1-x}Sr_xTiO_{3+\delta}$ 涂层的光反射水平急剧降低是多因素耦合共同作用的结果。因此，本小节将重点围绕 $La_{1-x}Sr_xTiO_{3+\delta}$ 材料光学性能的变化机制及其涂层光学性能的调控展开深入研究探讨，以提高涂层材料的高能激光防护能力。

1. La$_{1-x}$Sr$_x$TiO$_{3+\delta}$涂层的微观组织结构对反射性能影响

La$_{1-x}$Sr$_x$TiO$_{3+\delta}$粉体微观形貌中的片层结构有利于其获得高反射性能。但是，在利用等离子喷涂工艺沉积形成的 La$_{1-x}$Sr$_x$TiO$_{3+\delta}$涂层中，并没有体现出喷涂颗粒中的片层状组织。为了探究涂层显微组织结构对反射性能的影响，本小节首先拟通过调整 La$_{1-x}$Sr$_x$TiO$_{3+\delta}$涂层中片层结构以提高涂层材料的反射率水平。

涂层中片层状结构的消失主要是由于 La$_{1-x}$Sr$_x$TiO$_{3+\delta}$喷涂颗粒在等离子焰流中熔融充分，相邻片层状晶粒间发生不同程度的合并生长，从而影响到涂层组织结构及其演变。鉴于此，试图通过喷涂工艺的调节实现对涂层微观结构控制，以期达到降低喷涂颗粒熔化程度的目的。探索是否能够实现其片层状组织结构特征在涂层中得到保留，达到提高涂层反射率的效果。在力学性能优异的La$_{1-x}$Sr$_x$TiO$_{3+\delta}$ - 2 涂层喷涂工艺参数基础上，通过降低喷涂电流、增大喷涂距离的方式对等离子喷涂工艺进行优化，等离子喷涂 La$_{1-x}$Sr$_x$TiO$_{3+\delta}$涂层的表面组织形貌如图 5 - 26 所示。从图中可以看出，不同等离子喷涂工艺制备的涂层表面微观结构呈现出明显不同的特征。当喷涂电流降至 700 A 时，如图 5 - 26（a）所示，La$_{1x}$Sr$_x$TiO$_{3+\delta}$ - 4 涂层表面结构相对致密平整。在该喷涂工艺条件

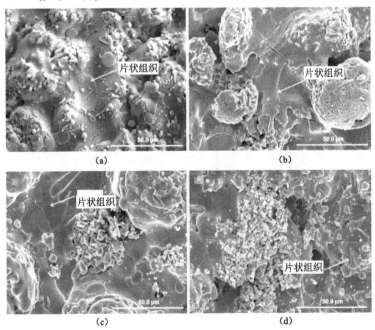

（a）   （b）

（c）   （d）

图 5 - 26　等离子喷涂 La$_{1-x}$Sr$_x$TiO$_{3+\delta}$涂层的表面组织形貌

（a）La$_{1-x}$Sr$_x$TiO$_{3+\delta}$ - 4；（b）La$_{1-x}$Sr$_x$TiO$_{3+\delta}$ - 5；

（c）La$_{1-x}$Sr$_x$TiO$_{3+\delta}$ - 6；（d）La$_{1-x}$Sr$_x$TiO$_{3+\delta}$ - 7

下，涂层沉积过程使喷涂颗粒中的片层组织结构充分熔融并得到有效铺展。同时，熔融颗粒以相对较低的速度撞击基体表面，从而使涂层中的单个片层结构呈圆盘状铺展，此时并未在涂层中保留与反射性能密切相关的片层状结构。

将喷涂电流继续降至 650 A，同时喷涂距离增加到 80 mm。从图 5－26（b）中可以看出，此喷涂工艺条件能够有效降低 $La_{1-x}Sr_xTiO_{3+\delta}$ 喷涂颗粒的熔化程度，即在 $La_{1-x}Sr_xTiO_{3+\delta}$－5 涂层的相对集中区域出现了较为明显的层状结构未熔颗粒，它们均来源于喷涂颗粒未熔部分的组织结构。由于该涂层中的片层状结构呈半球形破碎状铺展，为了改变涂层中未熔颗粒的分布状态，在优化喷涂工艺参数的同时，进一步调整等离子喷枪配置使其产生的等离子体射流在亚声速状态下进行喷涂工作，达到加速喷涂颗粒的目的。因此，在 $La_{1-x}Sr_xTiO_{3+\delta}$－6 及 $La_{1-x}Sr_xTiO_{3+\delta}$－7 涂层中未熔颗粒得到了有效的分散。喷涂颗粒的高飞行速度减少了其在喷涂过程中有效加热时间，此时实现部分片层状结构在涂层中保留。

不同喷涂工艺制备的 $La_{1-x}Sr_xTiO_{3+\delta}$ 涂层截面组织结构如图 5－27 所示，可以看出涂层中形成的孔隙以及界面结合状态存在差异。在 700 A 喷涂电流作用下，熔融颗粒的有效铺展使 $La_{1-x}Sr_xTiO_{3+\delta}$－4 涂层具有较低的孔隙率（9%），

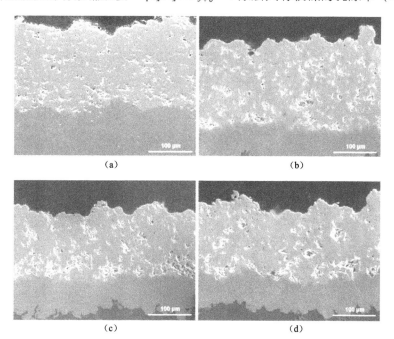

（a）　　　　　　　　　　（b）

（c）　　　　　　　　　　（d）

图 5－27　不同喷涂工艺制备的 $La_{1-x}Sr_xTiO_{3+\delta}$ 涂层截面组织结构

（a）$La_{1-x}Sr_xTiO_{3+\delta}$－4；（b）$La_{1-x}Sr_xTiO_{3+\delta}$－5；

（c）$La_{1-x}Sr_xTiO_{3+\delta}$－6；（d）$La_{1-x}Sr_xTiO_{3+\delta}$－7

该涂层内部片层结构结合紧密且层间孔隙较少。当喷涂电流降至 650 A 时，$La_{1-x}Sr_xTiO_{3+\delta}$ – 5 涂层孔隙率明显提高（14%），涂层低的熔化程度加速了大孔隙的形成，导致微观层间界面结合较弱。该现象在 $La_{1-x}Sr_xTiO_{3+\delta}$ – 6 和 $La_{1-x}Sr_xTiO_{3+\delta}$ – 7 涂层中越发明显，这是由相对低的喷涂电流（600 A）和亚声速喷涂射流共同对喷涂颗粒作用的结果，涂层中呈破碎状的片层结构导致层与层间搭接不致密和大量孔隙产生。

图 5 – 28 所示为不同喷涂工艺制备的 $La_{1-x}Sr_xTiO_{3+\delta}$ 涂层断面组织结构，涂层内部均呈现出等离子喷涂工艺的典型层状组织结构。$La_{1-x}Sr_xTiO_{3+\delta}$ – 4 涂层与 $La_{1-x}Sr_xTiO_{3+\delta}$ – 5 涂层相比不仅片层组织结构结合紧密，而且没有明显的界面间孔隙。同时，涂层内部片层结构的厚度明显不同，$La_{1-x}Sr_xTiO_{3+\delta}$ – 4 涂层由于喷涂颗粒铺展程度高，涂层中产生远小于其他涂层的细小薄片层结构，仅为 1 ~ 2 μm。随着喷涂电流的降低，$La_{1-x}Sr_xTiO_{3+\delta}$ – 5 和 $La_{1-x}Sr_xTiO_{3+\delta}$ – 6 涂层内部片层结构厚度明显增加到 4 ~ 5 μm。此外，涂层中热应力及残余应力的释放将导致层间裂纹和球状孔隙，这些结构特征都会对涂层的基本特性，如力学性能、光学性能造成影响。由于陶瓷涂层的断裂通常都是以其内部或表面缺

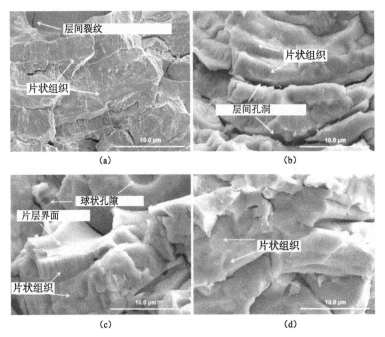

图 5 – 28　不同喷涂工艺制备的 $La_{1-x}Sr_xTiO_{3+\delta}$ 涂层断面组织结构

(a) $La_{1-x}Sr_xTiO_{3+\delta}$ – 4；(b) $La_{1-x}Sr_xTiO_{3+\delta}$ – 5；
(c) $La_{1-x}Sr_xTiO_{3+\delta}$ – 6；(d) $La_{1-x}Sr_xTiO_{3+\delta}$ – 7

陷处为起点而引发的，孔隙率的高低直接影响涂层中微裂纹扩展，从而对涂层的力学性能产生影响。

　　不同喷涂工艺制备条件下，$La_{1-x}Sr_xTiO_{3+\delta}$ 涂层的反射率在可见 – 近红外波段随波长的变化曲线如图 5 – 29 所示。通过对比 $La_{1-x}Sr_xTiO_{3+\delta}$ – 4 与 $La_{1-x}Sr_xTiO_{3+\delta}$ – 7 涂层反射率图谱可以看出，$La_{1-x}Sr_xTiO_{3+\delta}$ – 7 涂层的反射率有明显提高，在 420 nm 处可从原来的 11% 增加到接近 30%。结合涂层表面微观结构的分析可知，涂层中所保留的原始喷涂颗粒片层状结构及沉积过程中形成厚的片层组织，促使 $La_{1-x}Sr_xTiO_{3+\delta}$ – 7 涂层中的层间界面增加。这将有助于在相邻的片层结构之间对近红外光产生多层反射效应，从而提高涂层反射性能。

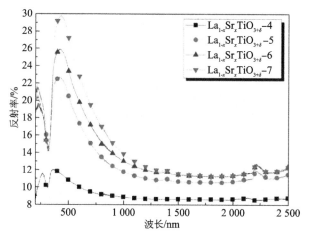

图 5 – 29　不同喷涂工艺制备条件下，$La_{1-x}Sr_xTiO_{3+\delta}$ 涂层的反射率在可见 – 近红外波段随波长的变化曲线

　　此外，涂层截面微观结构表明 $La_{1-x}Sr_xTiO_{3+\delta}$ – 7 涂层中相对较高的孔隙率也有助于其反射率提高，这是因为孔隙是影响光散射效应的主要因素，高的散射效应使反射性能提高。涂层的反射率与其结晶度也呈正相关，即高的结晶度有利于层状结构进行择优取向生长。近红外光在涂层中的传播方向如果与晶粒取向相垂直，且与涂层中的晶粒密排面保持平行，这将有利于涂层反射率的改善。当涂层中来自原始喷涂颗粒的片层状组织及单个片层结构厚度的变化趋于稳定时，该片层组织结构将不再对涂层反射率变化产生明显影响，即 $La_{1-x}Sr_xTiO_{3+\delta}$ – 6 与 $La_{1-x}Sr_xTiO_{3+\delta}$ – 7 涂层的反射率图谱在一定波长范围内几乎重叠。等离子喷涂工艺条件下 $La_{1-x}Sr_xTiO_{3+\delta}$ 涂层在微观结构上所表现出的遗传效应已经得到充分发挥，而此时涂层反射性能并没有达到理想状态，仍然与粉体反射性能存在明显差距。

　　对于 $La_{1-x}Sr_xTiO_{3+\delta}$ 涂层而言，在所实验的喷涂工艺条件范围内，尽管通过对涂层的片层结构调整使涂层反射率在近红外波段有所提高，但整体提高幅度非常有限且与喷涂粉体反射性能还存在很大差距。当涂层成分和结构一定时，涂层的喷涂工艺对其性能起着决定性作用。但是，对于钙钛矿型 $La_{1-x}Sr_xTiO_{3+\delta}$ 材料，等离子喷涂工艺的不断优化并不能够获得满意的高反射性能的涂层。在高能激光辐照作用下，$La_{1-x}Sr_xTiO_{3+\delta}$ 涂层辐照行为与相应的光反射行为密切相关。鉴于此，有必要进一步深入对该材料的反射率变化机制及关键影响因素展开研究，为后续涂层光学性能的优化提供理论指导依据。

2. 涂层材料反射率变化机制研究

对于具有复杂结构氧化物的等离子喷涂，在涂层沉积过程中所产生的宏观色泽变化不仅仅预示着所制备的涂层在微观结构上存在差异，同时其内部成分、元素的化学环境是否存在变化还未明确，这些可能对涂层反射性能产生影响的因素值得进行深入探索分析。

$La_{1-x}Sr_xTiO_{3+\delta}$ 粉体合成过程中，当 Sr^{2+} 掺杂取代晶格中部分 La^{3+} 时，由于晶体结构内部需要维持电价平衡，生成稳定物相结构的同时会伴随氧空位的产生。该空位缺陷的含量与 Sr 元素掺杂量有关，本书中 $La_{1-x}Sr_xTiO_{3+\delta}$ 粉体少量 Sr^{2+} 掺杂不会引起过多的氧空位产生。如图 5-30 所示，对等离子喷涂 $La_{1-x}Sr_xTiO_{3+\delta}$ 粉体材料及相应的涂层进行氧含量测试分析，可以发现喷涂粉体中 23.08 wt% 的氧含量与其理论值 23.62 wt% 相接近，进一步说明粉体中氧空位缺陷含量极低。但是，经等离子喷涂后的涂层中氧含量（18.66 wt%）出现相对明显的降低，这表明 $La_{1-x}Sr_xTiO_{3+\delta}$ 喷涂粉体在等离子喷涂过程中有氧空位缺陷产生。考虑到 $La_{1-x}Sr_xTiO_{3+\delta}$ 材料对实验环境的敏感性，可以推断涂层中氧化量的降低与等离子体喷涂焰流高温的加热环境密切相关，从而影响涂层的反射性能。

因此，基于第一性原理利用 Materials Studio Castep 模块分别对 $La_{1-x}Sr_xTiO_{3+\delta}$ 材料体系可能产生的各种空位缺陷的形成能进行计算。空位缺陷形成能反映了该原子在晶格内部的结合力，通过比较该材料体系内各个空位缺陷的形成能来分析预测产生相应空位的难易程度。化合物中的空位缺陷形成能主要取决于组分的原子化学势和电子化学势，具体计算公式如下：

$$E_f^V(q) = E_T(\text{defect}, q) - E_T(\text{perfect}) - n_i\mu_i + q E_F \qquad (5-21)$$

其中，$E_f^V(q)$ 为具有 q 价态的空位所对应的形成能；$E_T(\text{defect}, q)$ 为含有空位缺陷的超晶胞体系所具有的总能；$E_T(\text{perfect})$ 为完整超晶胞的体系总能；n_i 为被添加的空位原子数量（n 值为正）或被移除的空位原子数量（n 值为负）；μ_i 为所对应原子的化学势；E_F 为费米能量。

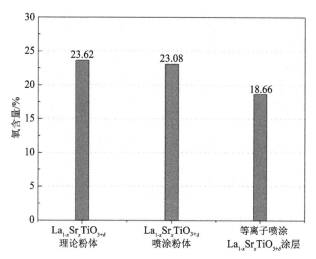

**图 5 – 30　$La_{1-x}Sr_xTiO_{3+\delta}$喷涂粉体和等离子喷涂
$La_{1-x}Sr_xTiO_{3+\delta}$涂层中的氧含量变化**

计算结果如图 5 – 31 所示，$La_{1-x}Sr_xTiO_{3+\delta}$材料体系内各个空位缺陷形成能的大小顺序为 $V(O) < V(Sr) < V(La) < V(Ti)$，即 $La_{1-x}Sr_xTiO_{3+\delta}$晶格内部形成氧空位所需能量要远低于其他缺陷的形成能，这说明氧原子更容易脱离晶格导致氧空位产生。此外，在空位缺陷形成能计算的基础之上，对比分析 $La_{1-x}Sr_xTiO_{3+\delta}$晶格中含有相应空位缺陷的体系总能。与晶格中各种空位缺陷形成能的变化规律相似，含有氧空位的晶体结构具有最低的体系总能，进一步验证了该材料体系空位形成机制以氧空位缺陷为主。因此，利用理论计算与实验现象相结合的方式，证实了 $La_{1-x}Sr_xTiO_{3+\delta}$作为喷涂粉体在热喷涂沉积涂层的过程中有氧空位缺陷的产生。在钙钛矿 $BaTiO_3$陶瓷材料的电学性能研究中有相似发现，高温环境导致该材料内部氧空位缺陷产生并引起晶格畸变，但未说明氧空位缺陷会对反射性能造成影响。同时在 Y_2O_3 的等离子喷涂过程中，因涂层中存在氧空位缺陷，在宏观上表现出了与本研究相似的色泽变化。

对 $La_{1-x}Sr_xTiO_{3+\delta}$材料内部晶格空位缺陷如何影响反射性能变化的微观机制展开研究，如图 5 – 32 所示。在等离子喷涂过程中，氧空位缺陷的产生对 $La_{1-x}Sr_xTiO_{3+\delta}$涂层反射性能的影响可以从两方面进行解释。从微观结构方面，$La_{1-x}Sr_xTiO_{3+\delta}$涂层中氧含量的降低导致反射率下降，这是由于当近红外光在晶体内部传播时，氧空位缺陷可以作为吸收中心吸收大量的光子。同时作为晶体内部的缺陷，当光子传播到该处时将产生较强的散射效应，增加了对光子吸收的概率。$La_{1-x}Sr_xTiO_{3+\delta}$晶格结构中的 $Ti - O$ 八面体也会因氧空位缺陷发生扭曲畸变，这将影响原本起高反射作用晶面的规则排列方式并削弱其反射行为，这

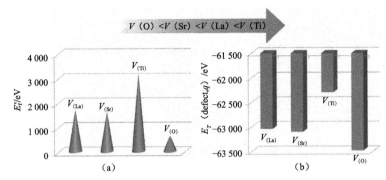

图 5 – 31 $La_{1-x}Sr_xTiO_{3+\delta}$材料体系中各种空位缺陷形成能及含有相应缺陷的超晶胞体系总能

些因素都会造成涂层反射率的降低。

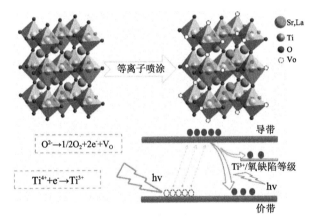

图 5 – 32 $La_{1-x}Sr_xTiO_{3+\delta}$涂层材料中氧空位缺陷和 Ti^{3+}产生机制示意图及相应的能级变化

　　另外，从元素化学状态及能带结构变化的角度进行分析。伴随着氧空位的产生，将引起 $La_{1-x}Sr_xTiO_{3+\delta}$ 材料体系内自由电子的出现，这些自由电子在运动的过程中容易被电负性较强的变价金属元素 Ti 所捕获，进而导致 Ti 元素的化合价降低由 + 4 价变为 + 3 价。Ti 元素的变价行为也同样促进了涂层反射率的降低，相应的缺陷反应方程在图 5 – 32 中已列出，这种元素变价往往会在正常的能带结构中引入杂质能级或缺陷能级，从而对其性能产生影响。因此具体原因可从能带理论的角度解释，即 Ti^{3+} 元素及氧空位缺陷的产生引起导带附近产生杂质能级或亚能级，由于这些能级间的距离小于理想情况下晶体中不含 Ti^{3+} 元素和氧空位缺陷时的带隙，大量光子被吸收。这种现象与 $SrTiO_3$ 薄膜中因含有氧空位缺陷引起对光子强烈吸收、使其光学透明度减少的机制相一致。

因此，通过分析可以得知，$La_{1-x}Sr_xTiO_{3+\delta}$ 材料体系在高温下其成分及化学状态的具体变化，以及相应对其高反射性能的影响机制。由于成分及化学状态对高反射性能的贡献要远大于片层状结构，这也为接下来 $La_{1-x}Sr_xTiO_{3+\delta}$ 涂层反射性能的优化提供了方向。

5.3.4　$La_{1-x}Sr_xTiO_{3+\delta}$ 涂层与激光相互作用机制

1. 高能激光对 $La_{1-x}Sr_xTiO_{3+\delta}$ 涂层形貌的影响

1）激光辐照条件下涂层宏观形貌

　　根据作者已有的研究结果，等离子喷涂 $La_{1-x}Sr_xTiO_{3+\delta}$ 涂层在实现优异力学性能的同时，因涂层中氧空位形成及相关化学状态的变化导致反射性能显著降低，但是该材料具有在高温氧化环境条件下表现出反射率提升的特性。因此，激光辐照过程中的热效应是否能够引起涂层反射性能变化值得研究探讨。为了更加全面了解该涂层在高能激光作用下的辐照机制，选用未经任何处理的等离子喷涂 $La_{1-x}Sr_xTiO_{3+\delta}$ 陶瓷涂层为研究对象，对涂层材料的辐照行为及防护机理进行分析。

　　在激光辐照试验中，当激光功率密度为 500 W/cm^2 和 1 000 W/cm^2 时能够引起 $La_{1-x}Sr_xTiO_{3+\delta}$ 涂层产生明显的宏观辐照行为特征，图 5-33 所示为 $La_{1-x}Sr_xTiO_{3+\delta}$ 涂层表面在不同激光辐照参数作用下的宏观形貌变化。从图 5-33（a）中可以看出 500 W/cm^2、10 s 的激光辐照参数下 $La_{1-x}Sr_xTiO_{3+\delta}$ 涂层表面发生由深灰色向白色转变的宏观色泽变化，该区域与激光束斑尺寸相一致，呈 1 cm^2 正方形，此时涂层高温合金基体背面中心温度为 545 ℃。随着激光加载时间延长至 15 s，图 5-33（b）中可以发现相同激光功率密度作用下涂层宏观色泽变化区域扩大至整个涂层。这是由于激光辐照过程中涂层表面所沉积的能量横向扩散所导致，相应的基体背面中心温度增加到 593 ℃。在 500 W/cm^2 的激光功率密度条件下，涂层没有出现如宏观裂纹、剥落等剧烈的辐照行为，仅在表面发生氧化现象。这个过程说明 $La_{1-x}Sr_xTiO_{3+\delta}$ 涂层的氧化行为可以在激光相互作用的短时间内通过吸收能量来完成，同时宏观色泽变化与该涂层经长时间高温补氧处理工艺相似。

　　$La_{1-x}Sr_xTiO_{3+\delta}$ 涂层的反射率因氧化行为的发生表现出上升的趋势，图 5-34 所示为 $La_{1-x}Sr_xTiO_{3+\delta}$ 涂层经 500 W/cm^2、10 s 激光辐照后的反射率图谱及微观结构。通过比较涂层中不同色泽区域的反射率图谱，可以发现在近红外波长范围内，经激光辐照后区域的平均反射率水平较未经激光作用区域的 12% 有大幅度提升，这个过程与高温补氧处理对涂层的氧化效果相似。因此，$La_{1-x}Sr_xTiO_{3+\delta}$ 涂层在

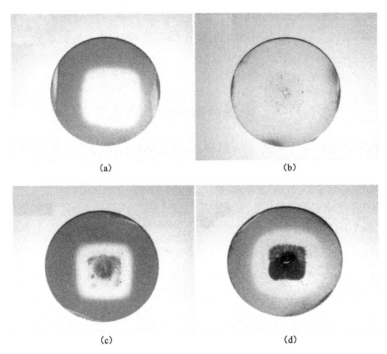

图 5 – 33 $La_{1-x}Sr_xTiO_{3+\delta}$ 涂层表面在不同激光辐照参数作用下的宏观形貌变化
（a）500 W/cm², 10 s；（b）500 W/cm², 15 s；（c）1 000 W/cm², 3 s；（d）1 000 W/cm², 5 s

500 W/cm² 激光功率密度作用条件下，反射率提高这一特性将有助于增强涂层的激光防护能力，从而可以承受多次激光辐照作用。

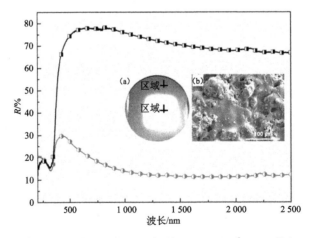

图 5 – 34 $La_{1-x}Sr_xTiO_{3+\delta}$ 涂层经 500 W/cm²、10 s 激光
辐照后的反射率图谱及微观结构

随着激光功率密度增加到 1 000 W/cm²，涂层的宏观辐照行为从涂层中心部位到边缘区域逐渐出现了差异，即中心区域宏观色泽开始由白色向黑色渐变。从图 5 - 33（c）可以发现短的加载时间内（3 s），$La_{1-x}Sr_xTiO_{3+\delta}$涂层所吸收 1 000 W/cm²激光功率密度的能量来不及向周围进行热传导扩散，使光斑区域呈现出明显不同于 500 W/cm²激光功率密度作用下的辐照行为。如图 5 - 35 所示，该涂层基体背面温度与 500 W/cm²激光功率作用下的涂层相比有所降低，这与短时间内所吸收的热量大部分被涂层自身吸收耗散有关。同时，$La_{1-x}Sr_xTiO_{3+\delta}$涂层中心处呈微凸起状的黑色辐照损伤区域表面光滑且质地较脆，形成了肉眼可分辨的龟裂裂纹，这是由于 $La_{1-x}Sr_xTiO_{3+\delta}$涂层在激光辐照升温过程中产生的热膨胀行为引起热应力作用的结果。此区域 $La_{1-x}Sr_xTiO_{3+\delta}$涂层的力学性能已经降低，但其边缘过渡区域仍旧表现为低功率激光辐照行为特征。

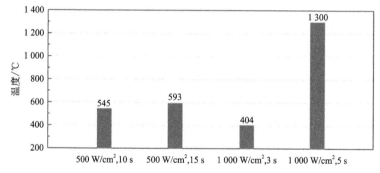

图 5 - 35　在不同激光辐照参数条件下 $La_{1-x}Sr_xTiO_{3+\delta}$涂层基体背面中心处的温度

在此功率密度下延长激光辐照时间（5 s），如图 5 - 33（d）所示，激光对 $La_{1-x}Sr_xTiO_{3+\delta}$涂层的辐照损伤效应越发明显。当激光能量在涂层表面短时间内快速沉积时将导致涂层辐照破坏，此时所测量的基体背面中心处温度迅速升高至 1 300 ℃，可以观察到涂层在该激光辐照参数条件下已经被击穿，高能激光束可直接作用在涂层金属基体材料，即随着黑色损伤区面积进一步扩大，$La_{1-x}Sr_xTiO_{3+\delta}$涂层中心区域出现了剥落击穿的现象，导致基体熔化损伤。同时在涂层的局部可观察到疏松的孔洞组织，表明该区域涂层材料已出现熔融现象。通常可以把陶瓷涂层在激光辐照过程中其金属基体开始出现火花喷溅作为实验中涂层被击穿时的标志现象。因此针对此薄片状涂层结构体系，等离子喷涂的 $La_{1-x}Sr_xTiO_{3+\delta}$陶瓷涂层在该激光辐照条件下已经达到激光损伤阈值。

2）激光辐照条件下涂层微观组织演化

$La_{1-x}Sr_xTiO_{3+\delta}$涂层在 500 W/cm²、10 s 激光辐照条件下的微观组织形貌如

图 5 - 36 所示。其中图 5 - 36（a）、图 5 - 36（b）和图 5 - 36（c）分别为辐照中心区域、过渡区域及边缘区域的微观组织形貌。通过对比可以发现涂层在该激光功率密度作用条件下，各个区域没有明显的差别，均为喷涂颗粒沉积后所形成的涂层表面微观形貌特征，未出现激光辐照损伤现象。因此，利用激光辐照提高涂层反射率的方法要优于直接对涂层进行高温补氧处理，由于激光辐照过程中并没有导致涂层出现较大的裂纹及剥落现象，这与氧—乙炔火焰补氧改性相比更显优势。同时进一步验证了在此辐照条件下，光斑辐照区域因吸收能量引起的升温现象促进了 $La_{1-x}Sr_xTiO_{3+\delta}$ 涂层的氧化行为（辐照第一阶段），从而辐照区域的反射性能较之前有所提高，即激光防护能力得到改善。因此在激光辐照过程中可以推断，等离子喷涂 $La_{1-x}Sr_xTiO_{3+\delta}$ 涂层的防护效果得益于其本征低热导性与高反射性两部分共同作用，但后者起主要作用。由于陶瓷涂层热导率较低，在激光辐照初期，其良好的隔热性能将涂层所吸收能量带来的温升集中在涂层表面，而非纵向热传导给基体。待涂层通过沉积能量升温并促使反射性能提高后，对激光的有效防护主要由涂层反射性能起主导作用。

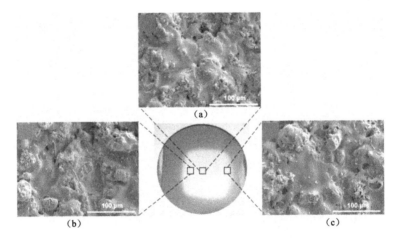

图 5 - 36 $La_{1-x}Sr_xTiO_{3+\delta}$ 涂层在 500 W/cm^2、10 s 激光辐照条件下的微观组织形貌
（a）辐照中心区域；（b）过渡区域；（c）边缘区域

延长激光辐照时间，图 5 - 37 所示为 $La_{1-x}Sr_xTiO_{3+\delta}$ 涂层在 500 W/cm^2、15 s 激光辐照条件下的微观组织形貌。从图 5 - 37（a）中可以观察到，激光辐照中心区域存在沿各个方向杂乱取向的柱状晶组织（辐照第二阶段）。这种细小的组织结构类似于原始粉体的片层状结构，但二者晶粒尺寸存在较大差异及其在辐照中心区域分布均匀，分析表明该结构并不是来源于等离子喷涂过程中未熔化的喷涂颗粒。因此，柱状晶组织结构的出现是由于 $La_{1-x}Sr_xTiO_{3+\delta}$ 涂层在激光辐照升温的过程中，吸收的激光能量促进了该涂层中晶粒长大，即该组织的形成过程将会耗散部分激光能量。在辐照的过渡区域［图 5 - 37（b）］，柱状晶组织结构显著减少，只有在局部区域形成细小的柱状晶组织。边缘区微观形貌如图 5 - 37（c）所示，该区域仍旧保持着原来等离子喷涂沉积所形成的涂层特征，并与该激光功率密度条件下辐照时间为 10 s 的中心区域［图 5 - 36（a）］相一致。这说明在激光辐照过程中，由涂层横向热传导所传递的能量仅仅能够使辐照中心区以外的区域氧化而不足引起柱状晶组织产生。

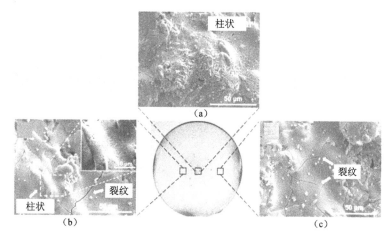

图 5 - 37　$La_{1-x}Sr_xTiO_{3+\delta}$ 涂层在 $500 W/cm^2$、15 s 激光辐照条件下的微观组织形貌
（a）辐照中心区域；（b）过渡区域；（c）边缘区域

对 $La_{1-x}Sr_xTiO_{3+\delta}$ 涂层在 1 000 W/cm^2 功率密度条件下的激光辐照行为展开研究，图 5 - 38 所示为 $La_{1-x}Sr_xTiO_{3+\delta}$ 涂层在 1 000 W/cm^2、3 s 激光辐照条件下的微观组织形貌。从图 5 - 38（a）中可以看出，激光辐照中心区域涂层结构发生了很大的变化。而这种组织结构的变化是由于涂层在该激光功率密度辐照过程中，率先形成的柱状晶粒紧接着发生了择优取向所引起的，此时在特定晶面上长大形成纵横交错分布的树枝晶结构（辐照第三阶段）。与此同时，涂层中心区域因吸收激光能量增多而导致其温度迅速升高，从而引起涂层中出现大量氧空位缺陷及 Ti 元素变价，即涂层中心黑色区域已经开始发生激光辐照损伤。

$La_{1-x}Sr_xTiO_{3+\delta}$ 涂层在激光辐照过程中，其树枝晶产生原因可以从结晶学的角度来解释。晶体的形貌主要由温度梯度 G 和结晶速度 R 的比值来决定，而在激光辐照区域内部具有最小的温度梯度及最大结晶速度，因此该区域能够获得最小的 G/R 比值，这将促使柱状晶组织择优生长并向树枝晶组织发生转变，即此时满足树枝晶的形成条件。因此相邻的树枝晶交织生长在一起，从而形成了多孔状的微观组织结构。图 5 - 38（a）中可以观察到存在较大的裂纹萌生

及扩展，在树枝晶上分布着沿晶粒中心向四周扩散的微裂纹。由于裂纹源在随后的冷却过程中沿晶粒间的界面扩展形成晶界裂纹，这种呈现沿晶分布的裂纹与多孔状各向异性的树枝晶组织共同作用导致涂层力学性能进一步降低。

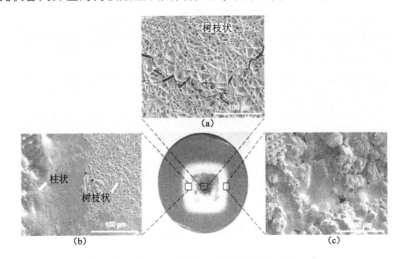

图 5-38 $La_{1-x}Sr_xTiO_{3+\delta}$涂层在 1 000 W/cm^2、
3 s 激光辐照条件下的微观组织形貌
（a）辐照中心区域；（b）过渡区域；（c）边缘区域

图 5-38（b）所示为 $La_{1-x}Sr_xTiO_{3+\delta}$ 涂层辐照的中心与边缘之间的过渡区域，该区域呈现出两种截然不同的组织结构特征，这主要与所吸收的能量在涂层中的热传导扩散行为有关。在激光辐照过程中辐照中心区域吸收的能量较多，沿其四周方向因扩散效应使沉积的能量逐渐减少，导致过渡区域可以获得较大的温度梯度，从而造成不同区域因结晶速度的差异而形成不同的组织结构。在激光辐照边缘区域，图 5-38（c）所示仍保留了等离子喷涂涂层的特征，没有发生组织结构的转变。

2. 高能激光对 $La_{1-x}Sr_xTiO_{3+\delta}$涂层相结构的影响

$La_{1-x}Sr_xTiO_{3+\delta}$涂层的激光辐照中心区域物相结构变化如图 5-39 所示。从图中可以看出 $La_{1-x}Sr_xTiO_{3+\delta}$涂层在 500 W/cm^2、10 s 激光辐照参数条件下的 XRD 图谱与原始涂层相一致，二者的主要物相结构为斜方钙钛矿 $SrLa_8Ti_9O_{31}$ 相，含有极少量的立方相 $SrTiO_3$。同时此激光辐照条件下 $La_{1-x}Sr_xTiO_{3+\delta}$涂层的 XRD 图谱中衍射峰峰位与原始涂层相比并没有出现明显偏移，进一步表明该涂层具有良好的相稳定性，即激光辐照区域仅仅发生了氧化行为，并未出现相转变或分解。

但是，随着激光辐照功率密度增加至 1 000 W/cm² ，部分 $La_{1-x}Sr_xTiO_{3+\delta}$ 涂层的衍射峰相对强度出现了显著增强。尤其是在晶面（410）出现了很明显的组织择优取向，此激光辐照参数条件下，晶粒的取向与热量扩散方向有关，涂层所吸收的能量促进了晶粒的长大和晶界的迁移。此外，涂层的激光辐照区域柱状晶和树枝晶的成核与晶粒的生长程度密切相关，并表现出与涂层所吸收的激光能量呈正相关。这种择优取向的存在使涂层的性能由各向同性逐渐向各向异性转变，特别是树枝晶的形成打破了原有的结构平衡导致力学性能显著地降低，这与宏观辐照行为相吻合。

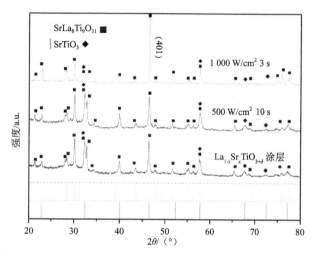

图 5 - 39　$La_{1-x}Sr_xTiO_{3+\delta}$ 涂层的激光辐照中心区域物相结构变化

　　利用 MDI Jade 5.0 软件对 XRD 图谱中衍射峰强度最高的单峰进行拟合分析，给出无标样的半定量分析结果。该方法虽然有随机误差的存在，但满足一般的定性分析要求，经激光辐照后的 $La_{1-x}Sr_xTiO_{3+\delta}$ 涂层相关晶格常数等信息变化见表 5 - 13。随着激光功率密度的增加，涂层晶格中（401）晶面所对应的衍射峰峰位向高角度峰位发生微小的偏移。根据布拉格定律可推断，激光辐照过程中伴随着 $La_{1-x}Sr_xTiO_{3+\delta}$ 涂层晶格内部点阵畸变的发生。在 500 W/cm² 、10 s 激光辐照参数条件下，晶格体积增大是由于涂层在该辐照参数条件下引发氧原子进入晶格内部所导致。此时，涂层的反射率也因晶格空位缺陷的减少而得到提高。相反在 1 000 W/cm² 、3 s 激光辐照参数条件下，晶格体积表现出了收缩趋势。这主要是由于涂层吸收激光能量，温度的升高使该材料晶格体系达到氧空位缺陷的产生条件，从而引发大量氧空位缺陷产生所造成的。涂层在该激光参数条件辐照过程中，其柱状晶组织晶粒尺寸明显长大并发生向树枝晶组织转变。由于反射性能的恶化增强了对激光能量的吸收，涂层的激光辐照损伤

加剧。

表 5 –13   经激光辐照后的 La$_{1-x}$Sr$_x$TiO$_{3+\delta}$涂层相关晶格常数等信息变化

样品	$2\theta(401)/$ ($°$)	晶面半高宽 (401)/($°$)	晶粒大小/Å	晶格常数/Å			晶格体积/Å^3
				A	B	C	
La$_{1-x}$Sr$_x$TiO$_{3+\delta}$ 涂层	46.361	0.252	374	7.817 3	5.541 1	57.221 8	2 481.79
La$_{1-x}$Sr$_x$ TiO$_{3+\delta}$涂层 (500 W/cm^2, 10 s)	46.372	0.240	396	7.822 0	5.549 0	57.240 1	2 484.47
La$_{1-x}$Sr$_x$ TiO$_{3+\delta}$涂层 (1 000 W/cm^2, 3 s)	46.448	0.189	520	7.814 3	5.534 1	57.170 3	2 472.33

综上所述，防护涂层的反射性能是影响激光防护性能的关键因素，同时由于激光对材料的热破坏，必须同时综合考虑涂层的热物理性能和力学性能，保证防护效能。

第 6 章

烧蚀型激光防护涂层材料技术[21,22]

　　高能激光与材料能量耦合后，将大部分光能转换为热能作用于材料表面，但其形式与传统火焰、气动加热等热源相比仍存在差异。首先，对于激光热效应而言，虽然材料在激光作用下的热传递遵从热学的基本规律，包含传导、对流、辐射这三种形式，但激光能量的传递主要以辐射形式传播，相比于火焰烧蚀，其对流传导作用微弱。其次，激光辐照对材料产生的是局部热烧蚀效应，相比于传统火焰烧蚀其热作用区小，能量更为集中；并且激光加热速度快，热量扩散相对滞后导致材料表面温度梯度大，与传统火焰烧蚀相比烧蚀效率更高，激光烧蚀的局部热破坏作用更强。

　　烧蚀型材料可以在热加载过程中通过自身质量的迁移销蚀消耗热量而产生良好的热防护效果，因此基于激光与物质作用的机理，通过对传统材料的改性优化实现对高能激光的有效防护是目前大家关注的重点。

　　烧蚀型材料主要分为有机烧蚀材料和无机烧蚀材料。有机聚合物烧蚀材料作为一类高能量耗散材料，在激光热烧蚀过程中可以实现能量的有效耗散进而达到良好的防护效果。20 世纪 70 年代初，美国洛克希德·马丁公司开发出了隔热性能优异的低密度烧蚀材料（SLA）并成功应用于"海盗号"火星探测器；21 世纪初，NASA（美国航空航天局）以有机硅树脂和酚醛树脂为基体、以纤维为增强体，采用高压填充的方式制备了 SRAM（硅树脂增强烧蚀材料）系列轻质碳化型烧蚀材料并在航天领域广泛应用。

　　由于有机聚合物烧蚀材料具有比强度高、烧蚀残碳率高、碳层表面辐射性能好等优点，所以本章重点研究采用有机聚合物烧蚀材料制备激光防护涂层。目前此类防护材料一般是以有机聚合物类材料为基料、以无机材料为填料混合而成的复合涂层材料。

|6.1　烧蚀型激光防护涂层材料|

6.1.1　烧蚀型防护涂层基料

基料作为聚合物烧蚀材料的主要组成部分，除了将材料中的各种组分结合成型外，其自身热力学性能的好坏都直接影响涂层整体结构的性能。基料一般为具有高分子量、高芳基化、高交联密度、高 C/O 比例等性能特点的聚合物类烧蚀材料。目前，国内外广泛关注的烧蚀类聚合物材料有酚醛树脂、苯并噁嗪树脂、聚芳基乙炔树脂等。

酚醛树脂（图 6-1）因其具有优异的机械性、耐烧蚀性以及阻燃性，是目前使用量最大的耐高温烧蚀材料。美国以酚醛树脂为基体制备了密度约为 0.55 g/cm³ 的 Avcoat 5026 烧蚀材料，已成功用于"阿波罗"飞船。Ames 研究中心以酚醛树脂为基体制备出密度可达 0.22 g/cm³ 的酚醛浸渍碳烧蚀材料（PICA），其在热流密度超过 1 500 W/cm² 的情况下，具有优异的烧蚀性能。

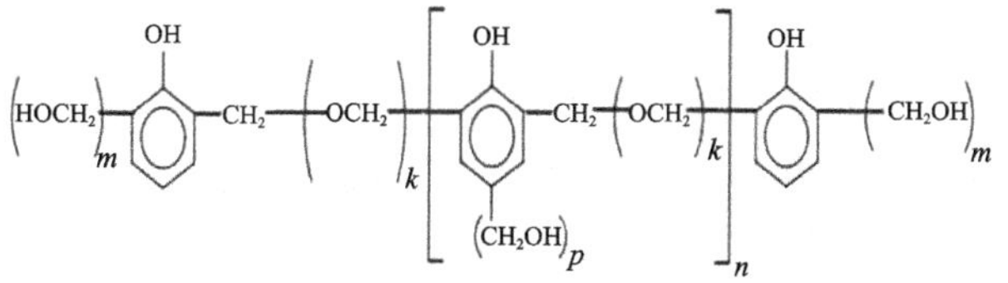

图 6-1　热固性酚醛树脂分子结构

但是传统酚醛树脂存在脆性大、残碳率低、烧蚀性能不稳定等缺点，影响了其更广泛的应用。同时传统酚醛树脂分子结构中大量的醚键（-O-）和亚甲基（-CH₂-）的存在，使得高温条件下易受热裂解逸出，导致最终残碳率下降而影响其烧蚀性能。为进一步提高其热力学性能，国内外对酚醛树脂进行了大量改性工作，并制备出多种改性酚醛树脂，如钼改性酚醛、硼改性酚醛、苯基苯酚改性酚醛等。

其中硼改性酚醛树脂是目前耐热性能较好的一种改性酚醛。其在分子结构中引入 B-O 键。由于 B-O 键的键能远大于 O-C-O 键能，使其起始热分解温度提高 100～140 ℃，700 ℃ 残重为 63%。同时在烧蚀过程中，硼酚醛树脂产生的热解气体少，降低了烧蚀产生的内压，有利于提高材料耐烧蚀分层能力。有研究人员合成的硼改性酚醛与传统酚醛树脂相比，800 ℃ 残碳率提高近 30%。因

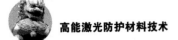

此，近年来硼酚醛树脂作为一种优异的耐烧蚀树脂在航天、航空和空间飞行器等领域广泛应用。酚醛树脂虽然存在成本低以及良好的热力学性能等优点，但是其固化过程仍存在小分子物质释放等问题。

聚芳基乙炔树脂是一类由乙炔基芳烃为单体聚合而成的高性能聚合物（图6-2）。其性能特点为：聚合过程无挥发物和低分子副产物逸出；固化树脂呈高度交联结构，耐高温性能优异；分子结构中仅含 C、H 两种元素，含碳量达90%以上，不同类型芳基乙炔 800 ℃热解成碳率达到 80%以上，且碳化后收缩率降低。有研究人员对固化后的聚芳基乙炔树脂的耐热性及残碳率进行了研究，表明 PAA 热分解起始温度为 469 ℃，900 ℃时残碳率高达 80%，远高于同温度下硼酚醛 70%和钡酚醛 56%的残碳率。

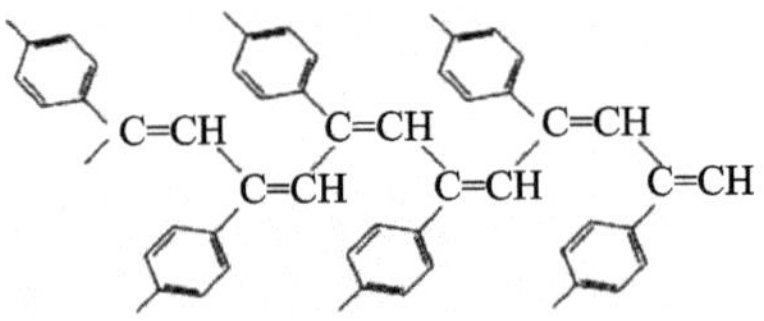

图6-2 聚芳基乙炔分子结构

虽然聚芳基乙炔树脂具有的优异耐高温性能，使其有望成为下一代耐高温复合材料的树脂基体，但是该树脂存在分子极性低导致其存在与增强体结合强度差、力学性能不足和成型工艺差等问题。因此，近年来进行了许多关于 PAA 改性的研究。有研究人员通过硼酚醛对 PAA 进行改性，在不降低成碳率的情况下使碳/聚芳基乙炔复合材料的剪切强度提高近 1 倍；还有研究人员通过在聚芳基乙炔树脂中加入自制 Y-1 树脂改性剂，明显改善了与碳纤维的界面性能，复合材料的界面剪切强度提高了 40%~50%，烧蚀性能基本不变。然而，聚芳基乙炔树脂存在固化工艺复杂、固化收缩严重和单体合成成本高等问题，要使其应用普遍化，还须进一步对其进行改进。

苯并噁嗪树脂是近年来新兴的一种性能优异的热固性树脂。1944 年，Holly 和 Cope 在合成 Mannich 反应产物中意外发现苯并噁嗪化合物。20 世纪 90 年代以来，该树脂的研究与应用实现了较快的发展。国内有研究人员在苯并噁嗪树脂研究等方面做了大量的工作。苯并噁嗪一般由酚类化合物、伯胺类化合物和甲醛经曼尼希（Mannich）缩合反应制得含氮氧六元杂环结构的中间体，生成类酚醛树脂的网状结构聚合物，故称为开环聚合酚醛树脂（图6-3）。与改性酚醛树脂相比，苯并噁嗪固化过程无小分子物质释放，具有更好的固化成型性；与聚芳基乙炔树脂相比，苯并噁嗪树脂由于分子间和分子内氢键的存在，其在固化过程体积收缩率为 0，成型性良好；与传统酚醛树脂相比，苯并噁嗪树脂具有起始分解温度高、燃烧热释放低、最终残碳率高等优点。

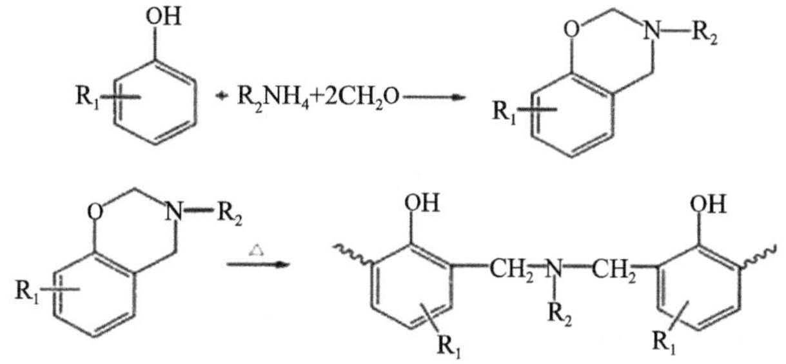

图 6-3　苯并恶嗪中间体合成及开环聚合示意图

　　作为一种新型的耐高温烧蚀型有机聚合物材料。苯并恶嗪树脂在继承酚醛树脂优异的耐热性、良好的阻燃性和绝缘性能等优点的基础上还具有良好的成型性和力学性能。然而由于其自身分子结构的特点，自身仍存在黏度较大、固化温度高、固化时间长等缺点。随着应用要求的不断提高，目前国内外正在通过改性等方式不断提升其性能。

　　Po 等合成了一种含有苯并恶唑结构的苯并恶嗪（BOZ-BOA）和一种 4，4-二胺基二苯甲烷基苯并恶嗪（BOZ-MDA），通过引入苯并恶唑刚性结构，BOZ-BOA 的熔点提高近 100 ℃。有研究人员将双酚 A/苯胺类苯并恶嗪和 $FeCl_3$ 混合，然后高温固化，其产物在 800 ℃残碳率增加了 11%，而且残碳结构稳定性更高。Ishida 对苯并恶嗪加入过渡金属，研究表明苯并恶嗪阻燃性能有所提高。另外还有研究人员使用马来酰亚胺改性的 Fe_3O_4 纳米粒子为先导原位聚合得到聚苯并恶嗪/Fe_3O_4 纳米复合材料，掺入聚苯并恶嗪链提高了无机纳米颗粒有机相容性，得到产物具有优异力学性能。有研究人员用甲醛、苯酚、硼酸等作为原料合成出了含硼 BOZ，其固化物的 $T_g = 183$ ℃，氮气氛围下的 $T_d5\% = 423$ ℃，800 ℃残碳率达 65%，显示出优良的热稳定性。还有研究人员合成了一种新型的固化剂八多面体低聚倍半硅氧烷，并且应用其改性 BZ/PBO 树脂，释出的八倍半硅氧烷和对甲苯磺酸可以催化苯并恶嗪树脂的开环反应，树脂的峰值固化温度从 233.7 ℃下降到 218.2 ℃。另外有研究人员利用聚氨酯改性的聚苯并恶嗪，随着氨基甲酸酯预聚物的增加，该聚合物的热稳定性增强。

　　虽然目前通过分子改性和共混改性等方式可有效提高苯并恶嗪树脂的热力学性能，但是由于激光加载过程的瞬时升温和局域化效应显著，树脂材料的局部裂解过程迅速，产生的物理化学变化程度更高，热应力变形严重。随着高能激光技术的不断发展，其功率进一步提升，对于烧蚀型防护材料的树脂基体提出了更高的要求。单一的分子改性和共混共聚改性难以满足要求，因此在分子

设计改性的基础上来通过无机粒子添加改性的方式对其热力学性能进一步改善提高具有重要意义。

6.1.2　烧蚀型防护涂层填料

无机填料作为烧蚀材料的重要组成部分，其加入可起到提高烧蚀材料的力学性能、提高隔热效率、增强碳化层耐高温气流冲刷性能和降低复合涂层材料烧蚀率等作用。

有研究人员以膨胀石墨和APP（聚磷酸铵）复配改性环氧树脂，有效地提高了体系的初始热失重温度和残碳量，形成了致密、稳定的碳层。还有研究人员选用纳米二氧化硅增韧苯并噁嗪树脂，改性后复合材料的缺口冲击强度、热稳定性均较纯苯并噁嗪树脂有所提高。

首先无机粒子的膨胀阻燃性、发汗冷却效应和反应促进成碳等作用可有效促进树脂基料的热烧蚀性能提升，其次具有高强度、高硬度等性能的无机粒子与树脂的融合可有效提高复合材料的机械性能。因此无机粒子改性树脂复合材料在激光烧蚀领域具有可观的应用前景。

6.2　烧蚀型激光防护涂层材料案例分析

本节以MDA苯并噁嗪树脂4，4-二胺基二苯甲烷基苯并噁嗪为例，阐明烧蚀型激光防护涂层材料的制备及性能分析研究思路。

6.2.1　MDA型苯并噁嗪树脂制备工艺

1. MDA型苯并噁嗪树脂固化行为DSC表征

图6-4是MDA型苯并噁嗪树脂在不同温度预固化1 h后样品的DSC图谱，由于不同固化程度的树脂具有不同的固化热量释放，因此该图可以反映不同温度预固化后树脂的固化程度。由图可知，从120 ℃开始随着固化温度的提高，固化热量的释放逐渐降低，说明随着预固化温度的升高，苯并噁嗪树脂固化程度不断增大。由表6-1可知，160 ℃和200 ℃固化后，树脂固化放热量差值最大，说明160～200 ℃之间是固化交联的关键阶段，因此实际固化工艺选择中在该段实行160 ℃/2 h+180 ℃/1 h+200 ℃/1 h的等温差梯度升温，避免

温度升高过快使得树脂凝胶化时间点降低而发生暴聚以保证其实现更充分的固化。200 ℃预固化后，固化热释放为 25 J/g，说明树脂基本固化完全，同时可以看出固化热释放起始温度和固化热释放峰值温度明显后移，这是由于预固化温度越高，树脂开环固化程度越高，形成网络结构限制部分基团的运动使得分子内部交联效率下降导致其活化能提高，进而需要在更高温度下进行交联反应，因此选择在 220 ℃设定固化时间 1 h，进一步促进内部分子的交联，实现完全固化。通过对阶段预固化后树脂的 DSC 表征可知，苯并噁嗪树脂固化为低温开始下的阶段固化，并且 160～200 ℃为固化关键期，200 ℃后实现完全固化。

表 6-1 MDA 型苯并噁嗪树脂不同阶段固化热值

阶段预固化温度/℃	固化热释放起始温度/℃	固化热释放峰值温度/℃	固化热释放/（J·g⁻¹）
120	226	234	297
160	196	224	253
200	230	245	25
240	—	—	0

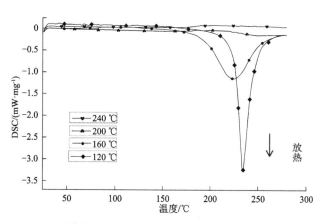

图 6-4 MDA 型苯并噁嗪树脂在不同温度预固化 1 h 后样品的 DSC 图谱

2. MDA 型苯并噁嗪树脂阶段固化 FTIR 表征

由于苯并噁嗪树脂固化过程内部分子的交联主要为噁嗪环的开环与 C + 在苯环上的亲电取代两个过程。为进一步表征树脂在不同温度段预固化后分子内部结构的变化，本小节通过对阶段固化后的树脂进行 FTIR（傅里叶变换红外吸收光谱仪）测试，获得该树脂在不同预固化温度下分子内部结构变化。图 6-5

为不同阶段预固化后 MDA 型苯并噁嗪树脂的 FTIR 谱图，938 cm^{-1} 和 1 365 cm^{-1} 处为噁嗪环的特征吸收峰，1 222 cm^{-1} 和 1 030 cm^{-1} 处为 Ar – O – C 的伸缩振动吸收峰。从图中可以看出，120 ℃ 预固化后的树脂在这 4 处峰位存在明显的特征峰，随着温度的升高特征峰逐渐降低，并在 200 ℃ 后完全消失，这说明噁嗪环随着温度的升高断键开环程度逐渐升高，因此本书选择固化工艺从 120 ℃ 开始梯度升温至 200 ℃，以实现分子的固化交联。200 ℃ 后噁嗪环特征峰和 Ar-O-C 处伸缩振动吸收峰消失说明分子内部实现完全开环，同时在 1 503 cm^{-1} 和 1 618 cm^{-1} 处出现 1，2，3 取代苯环特征峰，说明苯并噁嗪树脂已逐步实现交联固化，并且随着温度升高趋势更明显直到实现完全固化。

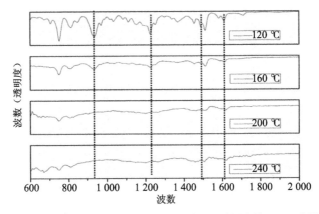

图 6 – 5　不同阶段预固化后 MDA 型苯并噁嗪树脂的 FTIR 谱图

3. MDA 型苯并噁嗪树脂固化工艺选择

通过对 MAD 型苯并噁嗪树脂不同阶段预固化后的 DSC 与 FTIR 图谱进行分析，得到随固化温度的升高，树脂的固化程度不断提高，同时 160 ~ 200 ℃ 为该树脂固化关键阶段，并在 240 ℃ 实现完全固化。因此，为保证固化过程的均匀性使分子有充足的时间交联开环成键，本节选择梯度升温的固化过程并从 120 ℃ 开始升温至最终温度，并在 160 ~ 200 ℃ 交联的关键阶段进一步延长固化时间实行阶段升温以保证树脂实现完全固化。同时，由于该树脂为 70% 固含量的液态聚合物，固化成型的关键之一还需要实现溶剂的有效挥发，由于该树脂采用的溶剂为丁酮，其沸点为 80 ℃，因此本小节基于对溶剂实现有效挥发的考虑选择从 100 ℃ 负压条件开始固化，设定固化工艺参数为：100 ℃/2 h（真空 1 h）+ 120 ℃/1 h + 160 ℃/2 h + 180 ℃/1 h + 200 ℃/1 h + 220 ℃/1 h。

6.2.2　MDA 型苯并噁嗪树脂涂层抗激光辐照机理

1. 辐照前涂层形貌

图 6－6（a）、（b）分别为 MDA 型苯并噁嗪树脂涂层固化的微观形貌和红外测试谱图。该树脂涂层为 1 mm 厚，涂层表面光整，从图 6－6（a）中可以看出该树脂固化后在基板上形成均匀致密的树脂层，无微小气孔和裂纹等缺陷存在，这说明该温度梯度固化下，树脂溶剂实现良好的挥发，有效地避免了气泡鼓包的出现。同时梯度温度固化的过程有效避免树脂在该温度下凝胶化出现的时间点，避免了暴聚现象的出现。从图 6－6（b）中可以看出位于 938 cm^{-1} 和 1 365 cm^{-1} 的噁嗪环的特征峰已经消失，同时在 1 503 cm^{-1} 和 1 618 cm^{-1} 出现了 1，2，3 取代苯环特征峰，表明该涂层已实现良好的开环固化。

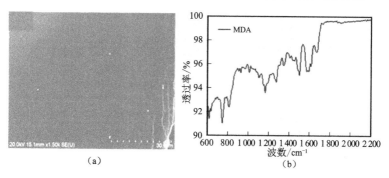

图 6－6　MDA 型苯并噁嗪树脂涂层固化 SEM 和 FTIR 图

（a）MDA 涂层微观形貌图；（b）MDA 涂层 FTIR 谱图

2. 涂层激光辐照宏观响应

由 6.2.1 小节分析可知，该树脂固化后具有较好的成型性，因此本小节对固化成型后的该涂层进行激光辐照测试，探究不同辐照条件下该树脂涂层的激光烧蚀阈值以及涂层激光响应规律。

1）涂层激光辐照宏观形貌分析

图 6－7 所示为采用功率为 1 000 W、1 500 W、2 000 W 的激光烧蚀 5 s 后 MDA 型苯并噁嗪树脂涂层烧蚀宏观形貌，图 6－7（a）为 1 000 W/5 s 激光烧蚀后涂层形貌图，可以看出辐照区域形成较为致密的残碳鼓包，涂层表面存在微小裂纹，但未引起涂层开裂，束斑外围区域树脂完好，基体完好无损。图 6－7（b）为 1 500 W/5 s 激光烧蚀后涂层形貌图，与图 6－7（a）相比在该功率密度下，树脂表面烧蚀区域变大，碳层内部发生开裂，外围树脂出现裂纹，但基

体完好无损。图 6 - 7（c）为 2 000 W/5 s 激光烧蚀后涂层形貌图，可见在该功率激光辐照后涂层产生严重的裂纹导致剥落，失去防护效果。随着激光功率的增加，烧蚀区域面积不断增大。在涂层剥落前，烧蚀区域呈现较规则的残碳鼓包并且面积大于激光光斑面积，这是由于激光引起树脂局部能量集中，在热传导作用下辐照区域外围温度升高引起树脂裂解成碳。随着激光功率的提高，涂层发生剥落，这说明该涂层在局部高温下碳层抵抗热变形能力和树脂材料与基体的热膨胀系数匹配性较差。

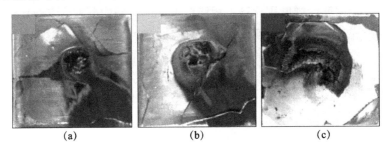

(a)   (b)   (c)

图 6 - 7　采用功率为 1 000 W、1 500 W、2 000 W 的激光烧蚀 5 s 后 MDA 型
苯并噁嗪树脂涂层烧蚀宏观形貌

(a) 1 000 W/5 s；(b) 1 500 W/5 s；(c) 2 000 W/5 s

2）涂层激光辐照前散射光和背底温度变化分析

由于 2 000 W/5 s 辐照后涂层发生脱落失去防护效果，因此本小节选用 1 500 W/5 s 激光辐照后涂层的前散射光强度和背底温度变化曲线进行激光烧蚀过程的分析。图 6 - 8 为 MDA 型苯并噁嗪树脂涂层激光烧蚀过程中前散射光和背底温度变化曲线图，图中实线表示涂层前散射光强度随时间的变化情况，虚线表示背温随时间的变化情况。如图 6 - 8（a）所示，前散射光强度为 0 表示此时激光器尚未出光，背温保持在室温水平。$t = 2.5$ s 时前散射光强度达到 3.7，表示激光辐照开始。在 $\Delta t = 0.3$ s 内前散射光强度微小波动并呈现稳定的态势，表明此时涂层表面处于一个相对稳定的状态。激光烧蚀 0.3 s 后前散射光强度发生突降，表明此刻涂层表面状态发生变化即表面树脂裂解燃烧。此时基体背底温度曲线开始迅速上升，随着激光辐照时间的延长，涂层表面沉积的热量不断向基体传递致使背底温度持续升高，直至激光烧蚀结束后背底温度达到最大值 $T = 135$ ℃。图 6 - 8（b）为 MDA 型苯并噁嗪树脂涂层与该树脂热解残碳在 250 ~ 2 500 nm 波段反射率变化的对比曲线。其中黑色曲线为该树脂涂层反射率变化图，可以看出在 1 064 nm 处该树脂反射率在 50% 左右。而从该树脂热解残碳反射率检测曲线可以看出，该树脂裂解残留在 250 ~ 2 500 nm 范围内保持在 10% 左右并且基本不存在反射性能的波动，由此可见该树脂烧蚀残碳基本不具有近红外光的反射能力。

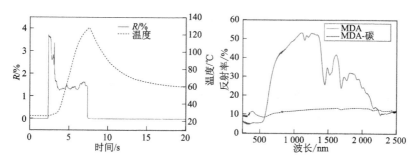

图 6 - 8　MDA 型苯并噁嗪树脂激光烧蚀过程中前散射光和背底温度变化曲线图
（a）MDA 型苯并噁嗪树脂激光烧蚀过程中前散射光和基体背底温度变化曲线图；
（b）MDA 型苯并噁嗪树脂与裂解残留物近红外反射率变化图

结合图 6 - 8（b）可知，辐照初期，在 1 064 nm 波长激光辐照下 50% 的光线经涂层表面反射，因此具有较强的前散射光。剩余部分的光被树脂表面吸收或者透过树脂涂层表面进入内部，同时激光能量被涂层吸收后产生热效应，由于树脂材料的热导率较低，因此在辐照初期背温保持较低水平。在辐照前期 0.3 s 的过程中，涂层材料发生自身温升裂解形成残留物。由图 6 - 8（b）可知形成的残留物对激光呈稳定吸收状态，因此在后续辐照过程中热量进一步积聚扩散使得背温快速升高，同时由于树脂裂解气体燃烧火焰光强小于加载初期涂层对激光前散射光的强度，所以前散射光强度降低并保持较低强度的稳定状态，这说明树脂裂解速率恒定，裂解气体燃烧焰流稳定。由以上分析可知，在激光烧蚀过程中，辐照初期涂层具备一定的反射性能，待表面树脂温升裂解形成残碳层之后对激光呈现一种稳定吸收的状态使得能量进一步在涂层表面积聚而导致背温进一步升高。

3）涂层激光辐照质量烧蚀率和热失重性能分析

在激光烧蚀过程中激光主要以热形式作用于涂层材料，引起树脂自身的温升裂解失重，在宏观上表现为涂层的烧蚀质损。对于烧蚀材料，质量烧蚀率是反映其抗烧蚀能力的重要指标。由表 6 - 2 可知，在 1 000 W/5 s 激光辐照下该树脂的质量烧蚀率为 0.013 4 g/s，而在 1 500 W/5 s 激光辐照下该树脂的质量烧蚀率为 0.015 1 g/s。可以看出在辐照时间相同的情况下随着激光功率的提高，树脂的质量烧蚀率增大。

表 6 - 2　MDA 型苯并噁嗪树脂涂层激光烧蚀参数

激光烧蚀参数	1 000 W/5 s	1 500 W/5 s	2 000 W/5 s
背温	80 ℃	139 ℃	——

续表

激光烧蚀参数	1 000 W/5 s	1 500 W/5 s	2 000 W/5 s
质量烧蚀率	0.013 4 g/s	0.015 1 g/s	—

为进一步研究分析该树脂涂层在激光辐照中的烧蚀失重过程。本小节采用 TG/DTG 对 MDA 型苯并噁嗪树脂的热失重性能进行测试分析，获得图 6-9 所示的 MDA 型苯并噁嗪树脂热失重变化曲线，通常以失重 5% 的温度为树脂的起始分解温度，可以看出该树脂的起始分解温度 $T_d5\%$ 为 359 ℃（表 6-3）。通过 DTG 曲线可以看出该树脂在失重超过 $T_d10\%$ 后进入自身失重分解速率高峰期，并且在 425 ℃ 和 460 ℃ 左右达到分解峰值速率为 3.5%/min 和 4%/min。这是由于在该温度段内达到树脂分子内部 C-N 和 C-C 键断裂的活化能，树脂自身快速裂解形成气相小分子物质逸出，因此树脂自身迅速失重。DTG 曲线表明该树脂分解温度阶段为 350~600 ℃，样品残重在 800 ℃ 时约为 42.5%，500 ℃ 后热失重逐渐减弱，并在 600 ℃ 后失重速率趋近于 0，此阶段主要为树脂裂解残碳层内部结构的重组，无小分子物质逸出，残碳结构逐渐形成。从图 6-9 中还可以看出该树脂自身失重主要发生在 400~500 ℃，这表明该树脂具有相对较窄的分解温度区间，短时间内可以实现有效的分解防热效果，有利于激光局域瞬时热加载能量的耗散，但是较快的分解速率使得涂层在激光烧蚀过程中裂解气体的冲刷作用增强，形成大孔隙的碳层结构。

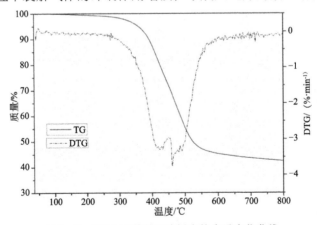

图 6-9　MDA 型苯并噁嗪树脂热失重变化曲线

表 6-3　MDA 型苯并噁嗪树脂 Tg 参数

样品	$T_d5\%$	$T_d10\%$	800 ℃残重
MDA-BOZ	359 ℃	405 ℃	42.5%

由此可知，在入射激光功率增大的情况下，单位时间入射到涂层单位面积上的激光能量增大（入射激光强度为 1 500 W /cm² 时，单位时间入射到涂层材料上的激光能量为 1 500 J），导致涂层材料升温至裂解温度的时间缩短，自身迅速发生裂解失重并带走部分热量，剩余热量由裂解形成碳化层传递到热分解层。随着功率的升高，热量传递进一步增加，使得涂层表面更大范围的区域温度超过分解区间温度而导致树脂材料发生热分解反应的速度增大。一方面单位时间发生热分解反应的树脂的质量增大；另一方面，产生的热分解气体的量增加，热解气体从碳化层逸出的速度变大，使得对碳化层的冲刷剥离作用增强，因此涂层的烧蚀区域面积增大，材料的质量损失升高。

3. MDA 型苯并噁嗪树脂热解机理

烧蚀型防护材料主要是在热加载作用下通过自身裂解吸热和质量销蚀耗散能量以实现热防护。由图 6 – 9 可以看出该树脂在 600 ℃ 分解失重基本结束，因此为获得该树脂材料的烧蚀防护机理，本小节采用热重红外（TG-FTIR）联用仪测试分析该树脂在 600 ℃ 下裂解产物，以了解树脂自身的热解机理。图 6 – 10 是对 MDA 型苯并噁嗪树脂测试后获得的 600 ℃ 高温裂解产物的红外谱图，通过对该谱图进行差分拟合分析得出酚类和胺类几种物质的谱线图，由此可知该树脂在 600 ℃ 分解产生的气相产物主要有 CO_2、CH_4、苯酚、甲基苯酚和苯胺类等物质。

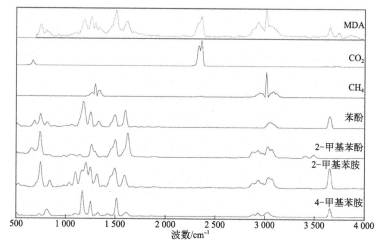

图 6 – 10　对 MDA 苯并噁嗪树脂测试后获得的 600 ℃ 高温裂解产物的红外谱图

树脂的热解过程取决于树脂内部分子结构，由于固化后苯并噁嗪分子内部和分子间存在着氢键，氢键的存在使得树脂内酚羟基和曼尼希桥键中的 N 形成较为稳定的六元环，该六元环的形成对树脂的热解过程存在重要的影响。本书结合图 6 - 10 中分析获得的主要分解产物，提出该树脂的热解机理，如图 6 - 11 所示。MDA 型苯并噁嗪树脂在固化过程中开环交联形成图 6 - 11（a）的固化交联体结构。在热裂解过程中，由于 C - N 键的键能 72 mol 小于 C-C 键的键能 82.6 mol 又加之六元环的存在，因此树脂内部分子键的断裂首先从 C-N 键开始。在固化过程中，碳阳离子 C$^+$ 取代酚羟基邻位形成交联体，因此在热解过程 C-N 键发生断裂，可产生 2 - 甲基苯酚。检测过程发现苯酚和 CH$_4$ 等物质，因此可以推测 2 - 甲基苯酚发生 C-C 键断裂。由于产物中存在 4 - 甲基苯胺等苯胺类物质，可以推测 C-N 键发生断裂产生 4，4 - 2 氨基二苯甲烷低分子物质，由于 C-C 键键能小于苯环键能，因此该物质发生 C-C 键的断裂形成苯胺类物质。在裂解过程中，苯并噁嗪交联体部分 C-N 键发生断裂后，Ph-CH$_2$ 发生断裂，同时苯环上的质子发生转移形成固相产物（2）和 CH$_4$。其次，苯并噁嗪交联体 C-N 键断裂后部分苯环相连的甲基发生断裂脱氢与酚羟基等缩合形成固相产物（3）。该树脂在分解后期失重速率逐渐趋于 0，形成稳定的残留物，此过程主要为热裂解固相产物发生质子转移形成最终的残碳结构。

4. 涂层激光辐照后微观结构

对苯并噁嗪树脂自身热裂解产物及断键机理进行分析表明树脂在裂解后期固相产物重排形成残碳。为进一步了解激光烧蚀后残碳的结构，本小节选择 1 500 W/5 s 激光烧蚀后的残碳进行微观结构分析。图 6 - 12 所示为 MDA 型苯并噁嗪树脂型涂层激光烧蚀显微形貌图。其中图 6 - 12（a）为涂层辐照中心区域表面微观形貌，图 6 - 12（b）为涂层辐照外围区域表面形貌。由图 6 - 12（a）可以看出，该树脂在激光烧蚀后辐照中心区域表面形成了连通的三维碳骨架结构，碳层疏松多孔，这是由于激光烧蚀过程中，树脂温升达到分解温度，短时间内迅速裂解形成裂解气体对碳层产生较强的冲刷形成。同时，该三维骨架结构碳层使得其在辐照过程中不易因裂解气体气流冲刷而破坏，保持一定的隔热作用，但是可以看出该结构对激光向内部入射的阻挡作用较弱。从图 6 - 12（b）可以看出，该树脂涂层激光烧蚀后在辐照边缘区域形成团簇状树脂残留物结构，并且该物质表面覆盖有疏松的碳层，在团簇状物质周围可以看到鼓包状结构，这种相互分离的结构具有较大的散热面，有利于提高对激光能量的耗散，同时不良热导体空气填充鼓包状结构后可以产生较好的隔热效果，有效阻挡热量向内部传递。

图 6 - 12（d）截面形貌可以观察到在碳层内部形成大的孔洞，呈现半连

图 6 - 11　MDA 型苯并噁嗪树脂热裂解机理
（a）MDA 型苯并噁嗪树脂聚合物分子结构；（b）裂解气相产物；
（c）固相裂解产物

通的骨架结构导致辐照过程碳层强度较弱而使其出现裂纹。由图 6 - 8 可知，这是由于该树脂具有较窄的分解温度区间和较高的峰值分解速率，加之激光辐照的瞬时温升作用，激光烧蚀过程中树脂短时间内迅速裂解，形成的大量裂解气体对碳层产生较强的冲刷分层作用，碳层内部形成疏松的大孔洞结构。同时裂解气体聚集扩散并通过多孔碳层逸出，一方面可以降低外部燃烧焰流对内层树脂的加热作用；另一方面气体的逸出可以带走树脂内部的热量，产生一定的冷却降温作用。涂层内部存在大孔洞结构，气体填充后使得树脂内部形成较好的隔热层，阻止热量进一步向内部传递。

5. 涂层激光辐照后碳层结构

由于烧蚀后形成的碳层结构直接关系到其对激光能量的耗散效果，因此为进一步分析其激光防护性能，选用 1 500 W/5 s 激光辐照后样品和 800 ℃ 热处理 1 h 后的树脂残碳进行 X 射线衍射分析。XRD 是研究碳材料微观结构和石墨

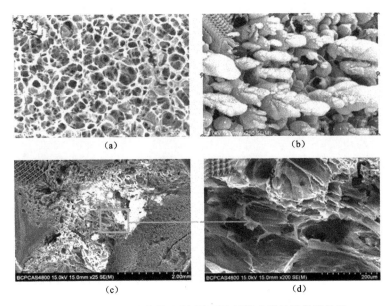

图 6 – 12　MDA 型苯并噁嗪树脂型涂层激光烧蚀显微形貌图
（a）表面辐照中心区域；（b）表面辐照外围区域；（c）辐照中心区域截面形
貌低倍；（d）辐照中心区域截面形貌高倍

化程度有效方法之一。在标准石墨的 XRD 图谱中，有 9 个高强度的石墨化特
征衍射峰。它们分别对应的晶面指数为（002）、（100）、（101）、（004）、
（102）、（103）、（110）、（112）和（006）。随着石墨化程度的提高，图谱中
会相应地先后出现其晶面对应的衍射峰，即图谱中石墨化特征衍射峰越多，则
说明残碳层的石墨化程度越高。同时其（100）特征衍射峰上升得越陡越窄，
说明其生成的石墨微晶层直径越大，环缩合程度也越高，而（002）特征衍射
峰上升得越高越窄，则表明石墨微晶层片在空间的排列越规则，相互定向的程
度越大。

　　由图 6 – 13 可以看出，该树脂在激光烧蚀后形成的残碳结构存在（002）、
（100）、（101）、（110）等晶面的衍射峰，而该树脂在 800 ℃ 热处理后形成的
裂解残碳仅在（002）、（100）晶面存在衍射峰。两种残碳结构的衍射峰和石
墨的衍射峰对比，可以得出两种残碳结构均没有达到石墨的高度定向排列，但
是激光辐照后形成的残碳结构石墨化程度要高于普通热处理形成的残碳。对比
（002）、（100）晶面的衍射峰可以看出，激光烧蚀后样品在这两处晶面的峰形
较 800 ℃ 热处理样品的峰形高陡，由此可以得出激光烧蚀后样品表面石墨片层
排列较为规整，定向程度较大，这说明激光烧蚀后形成的裂解碳层较普通热解
碳层有序度高。由于碳层的有序度与其导热能力呈正相关、与隔热能力呈负相

关，因此激光烧蚀后形成的碳层结构导热能力较好，有利于实现激光能量的有效扩散，降低表面局部区域的热量积聚。结合图 6 - 12 可知碳层内部为隔热性能较好的孔洞结构，因此可知该结构的碳层有利于树脂涂层热量在涂层表面的横向扩散，同时降低纵向传递，表现出较好的激光防护效果。

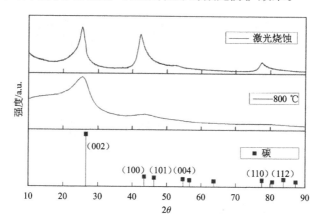

图 6 - 13　MDA 型苯并噁嗪树脂裂解碳层 XRD 图

通过 XRD 分析可知，激光辐照后样品的残碳结构较 800 ℃ 热解残碳结构的定向排列程度更大，结晶度更高。为进一步研究 MDA 型苯并噁嗪树脂激光烧蚀后辐照中心残碳层和辐照外围残碳层的石墨化程度，本书以 1 500 W/5 s 激光辐照后样品为例，选取烧蚀残碳 a、b 两点进行拉曼光谱分析。通过图谱可以看出仅在 1 360 cm^{-1} 和 1 590 cm^{-1} 峰位出现明显的散射峰，通常把 1 360 cm^{-1} 处的散射峰称作 D 峰，1 590 cm^{-1} 处的散射峰称作 G 峰，D 峰表示 C 原子晶格的缺陷，对应石墨片层的边缘碳和小的石墨微晶，G 峰表示 C 原子 sp^2 杂化面内的伸缩振动，对应石墨片层的共轭性结构碳，两峰的强度比 I_D/I_G 可以反映碳层的石墨化程度，比值越小，说明结晶越完整，残碳的石墨化程度越高。由图 6 - 14 中表格数据可以看出，b 点石墨化程度比 a 点高，因此可以得出 MDA 型苯并噁嗪树脂在激光辐照外围区域形成的残碳层较中心区域残碳层结晶度高。

结合图 6 - 13 可知，这主要是由于随着辐照时间的持续，激光辐照中心区域的碳层结构进一步氧化裂解，因此导致其较外围区域残碳的有序度降低。此结构的碳层在保持整体结构良好的热扩散能力的同时，一方面中心区域碳层有序度的降低使得其隔热能力有了一定的提升，进一步降低向内层树脂的热量传递；另一方面外围有序度较高的碳层使得热量进一步向外围扩散，降低辐照中心区域热量的积聚，具有较好的激光防护效果。

根据以上对该树脂在激光烧蚀后残留物质截面结构形貌的观察分析和表面

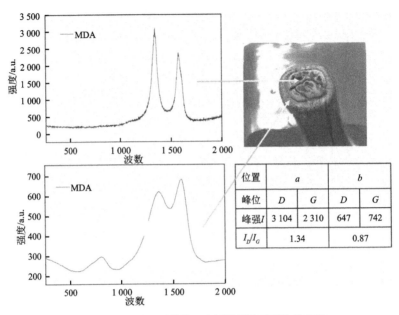

位置	a		b	
峰位	D	G	D	G
峰强I	3 104	2 310	647	742
I_D/I_G	1.34		0.87	

图 6 - 14　MDA 型苯并噁嗪树脂烧蚀残碳拉曼光谱

烧蚀碳层的结构分析，提出图 6 - 15 的 MDA 型苯并噁嗪树脂烧蚀模型。在激光加载过程中热量不断沉积，导致树脂涂层表面能量高度集中，温度瞬时升高引起表层树脂发生热分解反应，产生裂解气体，在树脂表面燃烧形成边界层，对入射激光产生一定的阻挡作用。表层树脂裂解后自身碳化形成疏松骨架结构的残碳层，呈现对激光的稳定吸收，产生一定的隔光隔热作用，同时保持一定的有序度，进一步实现对激光能量的扩散，降低激光加载局部热效应。同时，积聚的热量通过热传导和热辐射形式不断向内部树脂层传递，引起内层树脂裂解，在涂层内部形成一定厚度的多孔结构的热影响区，而产生较好的隔热效果。

图 6 - 15　MDA 型苯并噁嗪树脂烧蚀模型

由上述可知，烧蚀型防护涂层是一种十分有效的防护方式，本章以 MDA 型苯并噁嗪树脂为例，介绍了烧蚀型防护涂层材料的研究思路。

第 7 章

耐烧蚀型激光防护涂层材料技术[23]

在目前的激光技术水平下，强激光对材料的毁伤仍多以热破坏或热致力学破坏的硬杀伤为主，如使目标材料发生熔化而直接破坏器件，或通过使材料升温，导致其力学性能急剧下降。因此，提高材料的高温性能将有潜力成为一种有效的激光防护方式，特别是在有些应用场景，不能通过反射或烧蚀来进行激光防护的情况下，就必须通过耐烧蚀来实现激光防护。

7.1 耐烧蚀型激光防护涂层材料

超高温陶瓷材料具有优良的耐高温性能，在进行超高温陶瓷材料的研究中发现，以 ZrB_2、ZrC 为代表的一类材料，在强功率密度激光辐照数十秒后，由于高温氧化而出现一定的表面形貌变化，但整体结构未发生破坏，也未见熔化烧蚀等现象，表现出较好的抵抗激光破坏的能力。

超高温陶瓷材料是指以过渡金属硼化物、碳化物及氮化物等为代表的一类陶瓷材料。该类材料均具有高的熔点、优异的力学性能、良好的导热导电性等性能组合，因此在某些使用温度极高、热流密度极大的，诸如超高声速长时飞行、大气层再入、火箭推进系统等应用环境下的特殊迎风部位，具有很好的表现。同时，其优异的热、电传导性能等都有利于激光能量在材料表面的均匀化，缓和激光对材料的集中毁伤。

由于超高温陶瓷熔点较高，因此其涂层多以热喷涂进行制备，由于涂层和块体材料在微观组织形貌上可能显著不同，因此在进行涂层制备研究前，有时我们先从材料自身角度出发进行其本征性能研究，需要制备纯材料。具有超高熔点的超高温陶瓷材料，由于其材料内部共价键及离子键均较强，自扩散系数较低，因此采用常规方法制备出致密的陶瓷材料具有一定的难度，目前常用的制备方法有无压烧结、热压烧结、自蔓延高温合成（self-propagation high-temperature synthesis，SHS）、放电等离子烧结（spark plasma sintering，SPS）等。

无压烧结是指在不加压条件下，仅通过对坯体加热实现对材料的烧结。该种方法由于可以烧结大体积、复杂形状的产品，因此被广泛应用于陶瓷制备领域。然而针对超高温陶瓷材料，由于其本征难以烧结的特性，因此需要在高温长时保温条件下实现致密化，由此产生的晶粒异常长大等将严重削弱材料性能。实际使用中一般通过加入烧结助剂以改善烧结性能，常用的烧结助剂包括 B_4C、C、YAG、Y_2O_3、VC 等。

热压烧结是指烧结过程中，通过施加压力加速粉体颗粒的流动、重排过程，从而促进材料致密化的一种烧结方法。由于热能及机械能的共同作用，该方法可有效降低材料烧结温度、提高烧结块体致密度等，对于难熔、不易压制烧结的陶瓷材料非常实用。针对热压烧结的缺陷，对其工艺进行一定程度的改进。通过选择特定的原料粉末，在热压烧结过程中发生固相、气相或液相间反应以生成目标新相，且释放能量以促进烧结致密，最终获得致密坯体。这一过程称为反应热压烧结，由于引入化学反应，烧结过程中的物质迁移尺度从颗粒尺度范围扩展到更大距离范围内，因而其相较单纯热压烧结有明显优势。但这样的烧结方法得到的材料往往化学组织不够均匀，微观结构难以准确控制，因而限制了其广泛使用。

自蔓延高温合成由苏联科学家 Merzhannov 和 Borovinskaya 在 1967 年最早提出，其原理在于对于具有放热现象的反应物，经外加热源点火后使其启动反应，靠自身反应放热维持反应进行，并形成燃烧波向下传播完成烧结致密过程。这种工艺的优点在于无须外加热源，且整个过程迅速、反应温度高、成本低。但同时也有一些缺陷，如由于快速烧结过程，材料致密度较低、产物疏松，一般难以制备致密块体；另外反应过程可控性相对较差，获得的产品性能稳定性不足；各种助燃剂、点火剂等的混入，提高了产品的杂质含量。

放电等离子烧结是一种最新出现的先进陶瓷制备技术。这一技术类似于热压烧结技术，只不过将热压烧结中的发热体加热，转变成将脉冲直流电直接通过粉体，以产生焦耳热使材料发生烧结。经过这样的工艺改变后，可以有效提高烧结时的热效率，使快速升温成为可能。更短的加热时间可以有效抑制烧结过程中的晶粒长大，提高烧结体的综合性能；另外，脉冲电流作用于坯体内部的局部地区产生等离子体，有助于去除材料表面的氧化物，促进致密化进程，

因此可以有效地降低致密化温度。由于 SPS 制备超高温陶瓷材料具有以上优点，因此在该领域应用极其广泛。

7.2　耐烧蚀型激光防护涂层材料案例分析

作为一种综合性能优异的硼化物超高温结构陶瓷，ZrB_2 在应对常规热源烧蚀时，能够表现出较优异的综合耐烧蚀能力，特别是 ZrB_2/SiC。但当其面对以高速局部加载为特征的激光作用时，表现出的抗激光烧蚀能力有待研究。由于 ZrB_2 材料的低断裂韧性，以及 SiC 在高温下氧化生成的 SiO_2 低高温稳定性等，材料出现严重烧蚀现象。由于 ZrB_2/SiC 材料本身的固有属性缺陷，结果表明其材料抗激光烧蚀能力不足。因此，本节以 ZrB_2 为例，通过对材料体系进行设计，以提高材料抵抗激光烧蚀的能力。

7.2.1　ZrB_2/Cu 复合材料

为提高 ZrB_2 材料整体耐烧蚀性能，首先需要提高材料的断裂韧性。众所周知，具有简单晶体结构的金属材料，一般具有较好的塑性，这类材料的添加将有利于复合材料断裂韧性的提高。此外，在满足提高断裂韧性的前提下，添加相的加入不应该对复合材料的光反射性能及热传导性能产生过多的削弱。根据金属材料光反射及热传导机理，材料内部高浓度的自由电子，决定材料高的本征反射率及热扩散速率。因此，从这两方面综合考虑，需要选择具有较高自由电子浓度的金属材料。另外，添加相所具有的热容值越高，其升温所需吸收的热量也越大，在激光烧蚀过程中可耗散更多的能量，同样有利于降低材料的表面温度。Cu 作为一种典型的高导电导热、高塑性的金属材料可实现预期目标。

由表 7-1 可知，Cu 的热导率为 401 W/(m·K)，在常见金属中仅次于 Au 和 Ag，高热导率有助于将材料被辐照区域的热量迅速传递至其他部位，以实现能量均匀化、降低局部温度的目的；Cu 的体积热容 3.45 J/(cm³·K)（表 7-1 中的密度×比热容），在常规金属中同样较高，远大于基体材料 ZrB_2 的 2.61 J/(cm³·K)，这意味着 Cu 的加入可有效提高材料整体热容，进而使激光烧蚀过程中通过温度升高所消耗的能量显著增加；Cu 的焓变值，特别是单位体积的焓变值也较高，且熔点、沸点均较低，有利于材料在较低温度下发生物态转变，通过固-液、液-气转变耗散大量热量；另外，由于 Cu 具有低熔点的特性，其烧结温度也远低于ZrB₂，有利于复合材料的制备。

表7-1　金属 Cu 的常用热物理性能

材料	熔变值/ ($kJ \cdot mol^{-1}$)	熔点/ K	沸点/ K	密度/ ($g \cdot cm^{-3}$)	比热容/ ($J \cdot g^{-1} \cdot K^{-1}$)	热导率/ ($W \cdot m^{-1} \cdot K^{-1}$)
Cu	304.36	1 358	2 848	8.96	0.385	401

1. ZrB_2/Cu 的组织结构

图7-1所示为制备的 ZrB_2/Cu（以下简称"ZC"）复合材料表面微观形貌。由图7-1（a）可知，材料整体致密度较高，仅有少量孔洞存在于视野中，如图中黑色区域所示。通过阿基米德排水法测得试样整体致密度约为93.4%。图像中呈暗灰色的 ZrB_2 均匀分散，晶粒尺寸为 $5 \sim 10~\mu m$，而呈亮白色的 Cu 呈明显连续相形式，均匀分布于试样表面。图7-1（b）为表面微区的放大形貌，由图可知，ZrB_2 与 Cu 之间相界面清晰，证明二者之间具有较好的化学稳定性。而 ZrB_2 与 ZrB_2 颗粒之间已经发生一定程度的烧结，出现了典型的烧结颈形貌，如图7-1（b）中圆圈处所示。

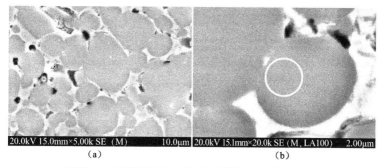

20.0kV 15.0mm×5.00k SE (M)　　　10.0μm　20.0kV 15.1mm×20.0k SE (M, LA100)　　2.00μm

（a）　　　　　　　　　　　　　　　　（b）

图7-1　制备的 ZrB_2/Cu 复合材料表面微观形貌
（a）低放大倍数；（b）高放大倍数

ZC复合材料的断口及 HNO_3 酸蚀后形貌如图7-2所示，则更加直观地显示两相在复合材料中的分布状态。由图7-2（a）所示断口形貌可知，ZrB_2 断裂时多以穿晶断裂为主，形成较为平滑的端面，而 Cu 多以塑性断裂为主，出现明显的韧窝，由此可知 Cu 的添加有效提升了 ZrB_2 材料的塑性。而对材料断口进行酸蚀处理后的形貌如图7-2（b）所示，由图可知 ZrB_2 颗粒之间发生了轻微的烧结现象，出现少量烧结颈，这构成材料的三维骨架。ZrB_2 颗粒之间存在大量三维相互连通的孔洞，这正是 Cu 在复合材料中存在的空间状态，证明Cu 在材料中呈现连续分布状态。

20.0kV 15.0mm×5.00k SE（M）　　10.0μm　　20.0kV 15.2mm×5.00k SE（M）　　10.0μm
（a）　　　　　　　　　　　　　　　（b）

图 7 - 2　ZC 复合材料的断口及 HNO₃ 酸蚀后形貌

（a）原始；（b）酸蚀后

ZC 复合材料呈现出以 Cu 为连续相的特殊形貌，主要由于其特殊的烧结行为导致。图 7 - 3 为 ZC 放电等离子烧结温度 - 位移曲线，由图可知，材料在整个烧结升温过程，明显呈现三个阶段。第一阶段，室温至 700 ℃，Cu 相烧结阶段。金属 Cu 在 200～300 ℃ 之间即开始发生烧结，因此 ZC 的起始烧结温度较 ZS（ZrB_2/SiC）复合材料明显降低，在低于红外测温仪的测温下限（570 ℃）时即开始发生烧结，且随着温度升高，烧结速率明显加快。第二阶段，900～1 100 ℃，Cu 熔化及 ZrB_2 颗粒重排阶段。这一阶段，Cu 在高温下发生熔化形成液态 Cu，而 ZrB_2 颗粒在液态 Cu 中由于压力作用而发生颗粒重排，材料致密度显著上升。由于 SPS 烧结过程中，导电粉体在高升温速率条件下，表现出烧结体内部实际温度显著高于测量值的现象，因此显示的熔化温度低于 Cu 的实际熔点。第三阶段，1 400 ℃ 至保温结束，ZrB_2 烧结阶段。高温下 ZrB_2 颗粒间发生扩散烧结，且最终收缩曲线出现平台区，显示材料基本完成致密化。由于在烧结过程中，Cu 的烧结明显优先于 ZrB_2，且在其中还出现了熔化现象，这使得 Cu 的连续性分布趋势增强。此外高温下的保温时间较短，导致 ZrB_2 的烧结程度不足，也有利于 Cu 在复合材料中呈现出连续性分布。

图 7 - 4 为 ZC 放电等离子烧结后的表面 XRD 图谱。由图可知，经 SPS 烧结而成的 ZC 块体材料中，仅含原始粉体中的 ZrB_2 和 Cu 两相。由此说明，在 SPS 的制备过程中，ZrB_2 与 Cu 之间未发生任何化学反应，二者之间具有较好的高温化学稳定性和相容性。

2. ZrB_2/Cu 的物理性能

为了明确 Cu 替代 SiC 作为第二相后，对复合材料各项本征物理性能的影响，本小节对 ZC 复合材料的反射性能、热物理性能及力学性能进行测试，并将之同 ZrB_2/SiC 复合材料的各项数据对比，明确 Cu 的加入对单项物理性能的影响。

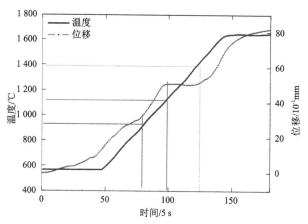

图 7 - 3　ZC 放电等离子烧结温度 - 位移曲线

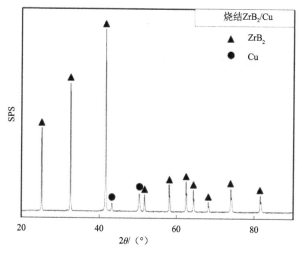

图 7 - 4　ZC 放电等离子烧结后的表面 XRD 图谱

采用分光光度法在 200 ~ 2 500 nm 波长范围内测试材料的全反射率, 结果如图 7 - 5 所示。由图可知, ZC 复合材料在近红外波段, 反射率仍保持随波长增大逐渐升高的变化规律, 未见明显突变点, 为典型金属型材料反射行为。其总体反射率较 ZrB_2/SiC 有明显提高, 对应波段反射率提高约 10%。

然而, 在 ZrB_2 中加入红外反射率极高的 Cu, 其总体反射率未见明显增加。这主要是由于第二相添加含量有限, 反射率大体上与单相 ZrB_2 近似。而 ZrB_2 与 Cu 之间的两相界面将对域内自由电子的运动起到散射作用, 也削弱了高反射率的 Cu 对复合材料反射率的提升效果。

采用激光脉冲法测试材料的热扩散系数, 结果如表 7 - 2 及图 7 - 6 所示。Cu 的加入未改变复合材料热导率随温度变化的趋势。对比 ZrB_2/SiC 和 ZC 复合材料的

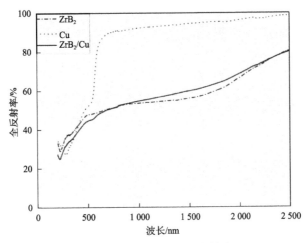

图 7 – 5　ZC 复合材料反射性能

热导率数据可知，Cu 的加入略微增加了复合材料的热导率，但增加幅度不明显。

表 7 – 2　ZC 复合材料的热扩散系数及热导率测试结果

温度/℃	比热容/ （J·kg^{-1}·K^{-1}）	热扩散系数/ （10^{-6}m^2·s^{-1}）	热导率/ （W·m^{-1}·K^{-1}）
50	437.6	33.428	97.59
200	507.1	27.594	93.35
400	548.2	24.345	89.03
600	573.8	22.475	86.03
800	594.2	20.723	82.15

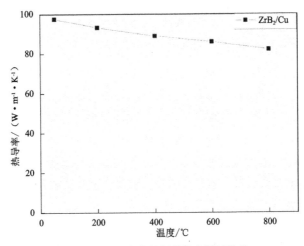

图 7 – 6　ZC 复合材料热导率测试结果

采用推杆法测试材料的热膨胀系数，其结果如图 7-7 所示。由图可知，ZC 复合材料的热膨胀系数在 200～1 000 ℃温度范围内为 $7.8 \times 10^{-6} \sim 9.1 \times 10^{-6} \ \mathrm{K}^{-1}$，较单相 ZrB_2 有显著增加，较 ZrB_2/SiC 也有所增加。热膨胀系数随温度升高缓慢增大，至 600 ℃后出现小幅下降，这主要是 Cu 在高温下的软化，导致复合材料热膨胀系数下降。

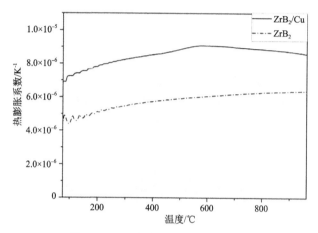

图 7-7　ZC 复合材料的热膨胀系数

采用三点弯曲法测试材料的抗弯强度，采用单边切口梁法测试断裂韧性，见表 7-3。材料的断裂韧性值较 ZrB_2/SiC 复合材料显著提高，达到 $11.26 \ \mathrm{MPa \cdot m^{1/2}}$，几乎为 ZrB_2/SiC 复合材料的两倍。显然，Cu 取代 SiC 作为第二相，实现了提升复合材料断裂韧性的目标。但材料的抗弯强度有明显下降，仅为 317.7 MPa，Cu 相对低的强度以及复合材料相对较低的致密度均弱化了材料的抗弯强度。

表 7-3　ZC 复合材料机械性能

抗弯强度 σ/MPa		断裂韧性 K_{IC}/（MPa·m$^{1/2}$）	
测试值	平均值	测试值	平均值
341.71		11.62	
307.63	317.7	10.80	11.26
285.95		11.36	
335.60		—	

7.2.2　ZrB₂/Cu 与激光相互作用机制

1. 力学损伤规律

图 7 - 8 所示为 ZC 复合材料在功率为 1 000 W 的激光辐照 2 s、5 s、10 s、20 s 后的宏观形貌。由图可知，在 1 000 W 激光连续辐照直至 20 s 后，试样仍未出现如 ZrB_2/SiC 复合材料所显示出来的宏观力学破坏，所有被烧蚀试样均保持了良好的完整性。由此可知，ZC 在 1 000 W 激光加载时表现出了比 ZrB_2/SiC 更为优异的抗力学损伤能力。这主要是由于 ZC 具有比 ZrB_2/SiC 更高的断裂韧性，提高了其抵抗力学破坏的能力。同时，ZC 具有更高的反射率，这更加有效地降低了激光能量在材料体内部的沉积，缓和了试样表面的温度梯度，降低了材料内部的热应力，从而提高了材料抗激光力学破坏的能力。

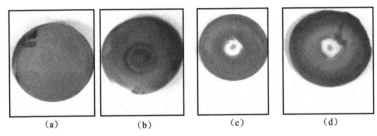

　　(a)　　　　　　(b)　　　　　　(c)　　　　　　(d)

图 7 - 8　ZC 复合材料在功率为 1 000 W 的激光辐照 2 s、5 s、10 s、20 s 后的宏观形貌
(a) 1000 W/cm², 2 s；(b) 1000 W/cm², 5 s；(c) 1000 W/cm², 10 s；(d) 1000 W/cm², 20 s

图 7 - 8 所示形貌，当激光加载时间达到 10 s 后，在光斑中心附近出现多条极细的环状裂纹，说明 ZC 虽然未发生整体上的力学破坏，但是在局部区域仍出现了力学损伤，在 1 000 W 激光辐照时，ZC 的力学损伤阈值为 10 kJ。

与 ZrB_2/SiC 复合材料的力学破坏相比，ZC 复合材料不仅在损伤阈值上明显提高，其力学损伤形式也有明显区别。图 7 - 9 所示为 ZC 复合材料在 1 000 W 激光辐照 10 s 时的纵截面形貌。由图可知，在 ZC 的整个厚度范围内，出现数条近似平行的弧形裂纹，这些弧形的裂纹扩展至试样表面，所表现出来的即为图 7 - 8 中试样光斑中心附近的环状裂纹。表面的环状裂纹与厚度方向的弧形裂纹组合，形成浅碟形开裂面，并且不同尺寸的开裂面相互嵌套。激光加载属于典型的局部加载，材料内部会出现类似点热源加载下的半球形等温面。但由于激光具有一定的光斑面积，因而等温面较球面稍有所变化，即形成浅碟形的等温面。这与图 7 - 9 所示的力学损伤状态完全吻合，说明这些力学损伤是由于激光加载的空间不均匀性而产生的材料内部热应力引起的。由于 ZC 具有比

ZrB$_2$/SiC 更高的断裂韧性，由热应力引起的局部微裂纹不容易迅速扩展，因而不会产生如 ZrB$_2$/SiC 复合材料中由于裂纹扩展而出现的径向直线开裂。而只有当所有等温面处的材料均发生局部开裂时，才会出现与等温面对应的碟形开裂。

图 7 – 9　ZC 复合材料在 1 000 W 激光辐照 10 s 时的纵截面形貌

2. 相结构演化

ZC 在 1 000 W 激光辐照 2 s 及 5 s 后，材料表面相结构无明显变化，而当辐照时间延长至 10 s 及 20 s 后，其相结构发生明显转变。图 7 – 10 所示为 ZC

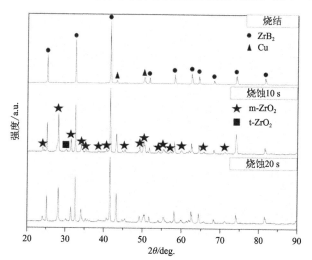

图 7 – 10　ZC 在 1 000 W 激光连续辐照 10 s、20 s 后表面的 XRD 图谱

在 1 000 W 激光连续辐照 10 s、20 s 后表面的 XRD 图谱。材料在激光辐照 10 s、20 s 后，表面出现大量 $m-ZrO_2$ 及少量的 $t-ZrO_2$，说明材料表面发生了明显的氧化烧蚀现象，这与 ZS 复合材料的激光烧蚀结果相一致。同时，图中所示的 42.25° 的金属 Cu 主峰，其峰强明显随时间延长而增大，证明 Cu 在表面的含量明显增多，Cu 在烧蚀过程中发生了物质迁移。这一变化主要归结于激光加载过程中，高温下 Cu 产生汽化，以蒸汽形式逸出表面，而当激光加载结束后，试样表面迅速冷却，Cu 蒸汽逐渐冷却凝结于试样表面。这一结果的宏观体现则是图 7-8 所示的宏观形貌中，试样表面出现大量紫红色物质。

综合上述相结构分析可知，材料在 1 000 W 激光烧蚀过程中，主要发生以下物理化学变化：

$$Cu(s) \longleftrightarrow Cu(g) \tag{7-1}$$

$$ZrB_2(s) + O_2(g) \xrightarrow{\text{高温}} t-ZrO_2(s) + B_2O_3(g) \tag{7-2}$$

$$t-ZrO_2(s) \xrightarrow{\text{降温}} m-ZrO_2(s) \tag{7-3}$$

材料烧蚀前后相结构的分析，仅能对材料烧蚀的最终状态初步了解，要明确激光烧蚀的行为及机理，还需要进一步对组织演化过程进行研究。以下即针对不同烧蚀时间分段详细分析，以明确激光烧蚀过程中的物质及组织演化脉络。

3. 组织形貌演化

1) 1 000 W×2 s

图 7-11 所示为 ZC 复合材料在功率 1 000 W 激光辐照 2 s 后光斑中心处形貌。如图 7-11（a）所示，原本的抛光表面覆盖了一层多孔层。该层中的孔分布较为均匀，且孔的轮廓及分布状态均与原始材料中的 ZrB_2 晶粒较为相似。对该层的放大观察如图 7-11（b）所示，该多孔层由大量网络状物质富集而成，且该富集区域具有明显的区域选择性。在 ZrB_2 晶粒间隙处富集较为密实，而在 ZrB_2 晶粒上方富集较为疏松。

进一步对该区域进行放大观察，ZC 在 1 000 W×2 s 激光辐照后光斑中心区域放大形貌及能谱如图 7-12 所示。从图中可明显观察到两种不同形貌，如图中区域 1 所示，为图 7-10 中表层孔洞下方部位，呈现一种由大量纳米晶粒紧密排列而成的形貌，纳米晶粒尺寸约为 50 nm；而孔洞边缘则由亮灰色的细小晶粒网状富集而成，如图中区域 2 所示。分别对两区域进行能谱分析，结果如图 7-12 中表格所示。根据 EDS（X 射线能谱分析）结果可知，区域 1 内基本由 O 和 Zr 两种元素构成，根据 Zr、O 原子比可推断纳米晶应为 ZrO_2 晶粒。

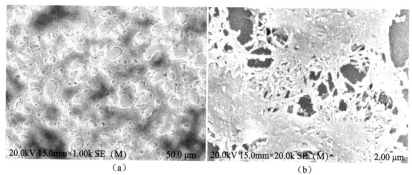

20.0kV 15.0mm×1.00k SE (M) 50.0 μm 20.0kV 15.0mm×20.0k SE (M) 2.00 μm

(a)　　　　　　　　　　　　(b)

图7-11　ZC复合材料在功率1 000 W激光辐照2 s后光斑中心处形貌

（a）低放大倍数；（b）高放大倍数

而区域2处能谱结果显示Cu的含量较高，其网状富集状态说明该处多由气相物质凝聚形成，该气相物质应为高温下的Cu蒸汽。

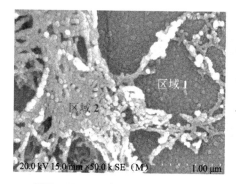

原子百分比	O	Zr	Cu
区域1	65.96	32.61	1.44
区域2	15.89	20.91	63.20

单位：%

20.0 kV 15.0 mm×50.0 k SE (M) 1.00 μm

图7-12　ZC在1 000 W×2 s激光辐照后光斑中心区域放大形貌及能谱

ZC在1 000 W×2 s激光辐照后光斑中心稍外区域表面形貌如图7-13所示，试样表面同样附着一层网络状的物质。但与光斑中心位置不同的是，该层的富集程度明显更低。网状物质下方的ZrB_2颗粒的轮廓依然清晰可见。由图7-13（b）的局部放大图像可知，网状物质大多沿ZrB_2晶粒间隙处富集，网状物质下方原本存在的Cu已经部分消失。同时，ZrB_2晶粒表面未见图7-12所示的纳米ZrO_2晶粒，表面依然保持平滑，证明该处无ZrB_2的氧化现象产生。

由此可知，ZC在1 000 W×2 s激光辐照后仅发生极轻微的氧化烧蚀现象。在激光加载之初，作为连续相的Cu优先发生汽化，并从ZrB_2晶间处逸出，随后ZrB_2开始发生氧化，形成粒径为50 nm的ZrO_2晶粒，紧密排列并依附于ZrB_2晶粒表面。

2）1 000 W×5 s

随着辐照时间延长至5 s，试样光斑中心处表面形貌如图7-14所示。

如图7-14所示，材料经过1 000 W×5 s激光辐照后，表面附着的网状物

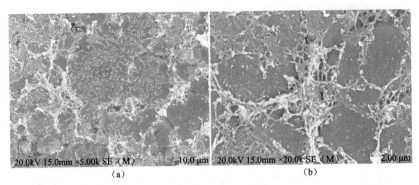

图7-13　ZC在1000W×2s激光辐照后光斑中心稍外区域表面形貌

（a）低放大倍数；（b）高放大倍数

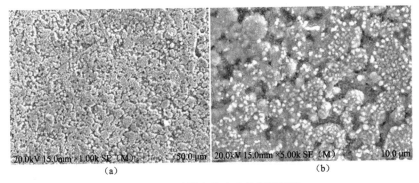

图7-14　试样光斑中心处表面形貌

（a）低放大倍数；（b）高放大倍数

质消失，ZrB_2颗粒轮廓清晰地显现出来。而对该区域的放大观察结果，如图7-14（b）所示，原本作为连续相的Cu从材料表面消失，在ZrB_2颗粒表面均匀散布着大量白色颗粒，ZrB_2以孤立晶粒形式存在于试样表面，晶粒之间连接性较差。早期形成的密集排列的纳米ZrO_2消失，取而代之的是散布于表面的亚微米级晶粒。由此可知，图7-12中密集排列的纳米级ZrO_2在后续的激光加载过程中，出现了明显的晶粒长大现象，由50 nm长大至约0.5 μm。由于ZrB_2氧化生成ZrO_2的过程中伴随有体积的膨胀，且这一体积膨胀的程度随ZrO_2产生量逐渐增加而增大，当ZrO_2与ZrB_2之间的结合力不足以抵抗由于体积膨胀而产生的内部应力时，ZrO_2将从ZrB_2表面脱落，形成如图7-14（b）所示的浮于材料表面的ZrO_2颗粒。

　　ZC在1000 W×5 s后光斑中心较外围区域表面形貌如图7-15所示。由于该区域的激光能量密度低于光斑中心，试样表面温度也较低，因而该区域氧化生成的ZrO_2晶粒尺寸约为200 nm，明显小于图7-14（b）中白色ZrO_2晶粒尺寸，且仍附着于 ZrB_2 晶粒表面。

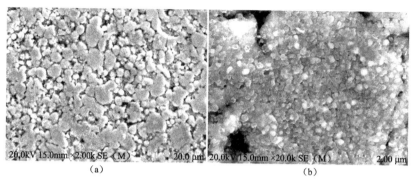

图 7 - 15　ZC 在 1 000 W × 5 s 后光斑中心较外围区域表面形貌
（a）低放大倍数；（b）高放大倍数

在激光未辐照到的试样边缘区域呈现图 7 - 16 所示形貌。较低倍数的显微形貌图片显示，材料整体与被烧蚀前表面形貌差别不大，如图 7 - 16（a）所示。但高倍显微形貌图片显示，ZrB_2 表面由光滑平面变成与图 7 - 12（b）所示纳米晶紧密排列类似的形貌。该形貌说明 ZC 试样在 1 000 W × 5 s 激光加载后，通过热传导使材料整体发生明显温度升高，即使在边缘未被激光辐照区域，也发生了 ZrB_2 氧化，在其表面紧紧附着一层粒径 50 nm 左右的 ZrO_2 晶粒。而此时 Cu 的存在状态未发生明显变化，证明 ZrB_2 在低于 Cu 熔点温度便优先开始发生氧化。

由此可知，在 1 000 W 激光加载之初，ZrB_2 表面氧化形成极其细小而紧密排列的纳米 ZrO_2，随后 ZrO_2 受热长大至亚微米级，最终由于变形协调原因而脱离 ZrB_2 约束，由试样表面脱落形成单独存在的 ZrO_2 晶粒。在这一阶段 Cu 大量汽化并从表面挥发，导致 ZrB_2 之间连续性急剧下降，ZrB_2 晶粒孤立存在于试样表面。

3）1 000 W × 10 s

当激光功率为 1 000 W 连续辐照至 10 s 时，试样表面光斑中心出现起伏，已不能直接观察到 ZrB_2 晶粒均匀分布的状态，同时在该区域均匀分布着大量孔径约为 $50 \sim 100 \ \mu m$ 的孔洞，如图 7 - 17（a）所示。对该区域在更高倍数的观察结果如图 7 - 17（b）所示。图中凸起部分由具有类似 ZrB_2 晶粒轮廓的近圆形浅台组成，但尺寸较 ZrB_2 晶粒稍大。其余部分凹陷形成凹坑，即图 7 - 17（a）所示大量均匀分布的孔洞。

图 7 - 17（c）则更加细致地描述了图中近圆形浅台的表面形貌。浅台形组织表面出现了一层熔化重凝层，且经过后续急速的冷却过程后，在该层内出

20.0 kV 15.0 mm ×10.0k SE（M）　　5.00 μm　　20.0 kV 15.0 mm ×50.0k SE（M）　　1.00 μm
（a）　　　　　　　　　　　　　　　　（b）

图 7 - 16　ZC 在 1 000 W ×5 s 激光辐照后边缘区域表面形貌
（a）低放大倍数；（b）高放大倍数

现了沿多边形扩展的龟裂纹。而在该熔化重凝层下方，隐约可见大量细小、排列松散的晶粒。结合表 7 - 4 的能谱测试结果可知，该区域内仅检测到 Zr、O两种元素，且其原子比约为 1：2，与 ZrO_2 中元素含量比相吻合，因此可以确定该区域仅有 ZrO_2 物质存在，试样表面的 XRD 结果同样证明了这一论断。

　　由此可知在激光辐照 5 s 后，光斑中心形成的脱离 ZrB_2 表面的亚微米级ZrO_2，经过持续的激光加载逐渐发生部分熔化，材料呈现初期熔融损伤。由于液态 ZrO_2 的流动性，较好地填充了由于 Cu 挥发而遗留下来的孔洞，同时由于激光的持续加载，内部材料氧化反应继续发生，如 B_2O_3 等挥发性气体持续产生。由于 ZrO_2 的填充作用，原本的气体逸出通道阻塞而导致气压逐渐升高，当局部气压高至足以将 ZrO_2 液膜冲开时，该处的 ZrO_2 液膜发生破坏，气体从中心向外持续逸出，形成图 7 - 17（a）所示的表面孔洞。而对表面孔洞的放大观察如图 7 - 17（d）所示，孔洞四周边缘呈现液相冲刷后快速凝固所形成的特殊形貌，更有力证明了该处出现熔融损伤。孔洞不规整的轮廓证明该处的熔化程度不高，熔化体内部仍有固体物质作为骨架存在。

表 7 - 4　ZC 在 1 000 W ×10 s 激光连续辐照后中心区能谱

元素	重量百分比/%	原子百分比/%
O	24.13	64.45
Zr	75.87	35.55
总量	100	

　　图 7 - 18 所示的 ZC 在 1 000 W ×10 s 激光辐照后光斑中心截面形貌则更加直观地证明了上述结论。如图 7 - 18（a）所示，ZC 经过 1 000 W ×10 s激光辐照后的截面形貌呈明显双层结构，其表层在激光作用后形成厚度为

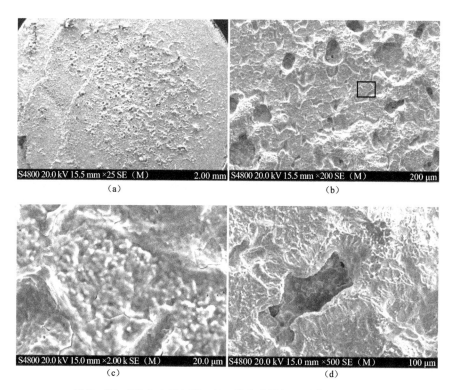

图 7 – 17　ZC 在 1 000 W × 10 s 激光连续辐照后中心区域形貌
（a）、（b）、（c）放大倍数由低到高；（d）高放大倍数下孔洞表面

30 ~ 40 μm 的反应层，而下方则为未反应的基体层。在反应层中可明显观察到浅台形组织，其主要由柱状晶和枝状晶组成，如图 7 – 18（b）、（c）所示，能谱结果显示柱状晶及枝状晶仅由 Zr、O 两种元素构成，证实其为 ZrO_2。其中柱状晶分布于浅台形组织的外围，形成支撑浅台组织的骨架，而枝状晶则分布于柱状晶内部。反应层中枝状晶产生的必要条件是液态物质的快速冷却，这一现象的出现进一步证明经过 1 000 W × 10 s 激光辐照后，试样表层已经发生表面熔化。

浅台形组织的形成，主要为液相传质作用导致。如前所述，在激光加载过程中，表面氧化生成的 ZrO_2 层由于其热导率较低，难以迅速通过热传递将热量疏导至基体材料。特别地，激光加载初期 Cu 的优先挥发，导致 ZrB_2 颗粒孤立存在于试样表面，如图 7 – 14 所示，引起晶粒散热的进一步恶化，大量能量只能通过自身的物态转化消耗。在内部气体的作用下，液态物质由内而外产生定向运动，导致部分液态 ZrO_2 发生定向物质迁移，形成柱状晶构成浅台形组织的外部骨架。当激光停止加载后，气相物质的逸出逐渐减少，液态 ZrO_2 向

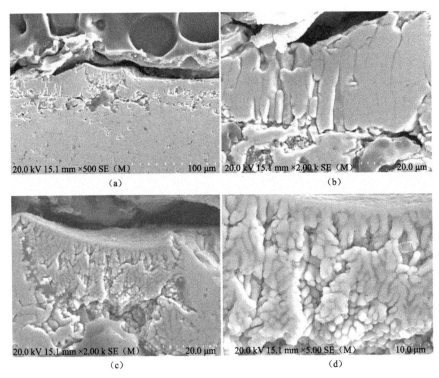

图 7 – 18   ZC 在 1 000 W × 10 s 激光辐照后光斑中心截面形貌
（a）低放大倍数下整体形貌；（b）、（c）低放大倍数下柱状晶形貌；
（d）高放大倍数下柱状晶形貌

逸出通道口填充并开始迅速冷却，由于冷却速度极快因而产生了图 7 – 18
（b）、（c）所示的枝状晶，且其生长方向为逆温度梯度的向内生长。

综上所述，ZC 在经历 1 000 W × 10 s 激光连续辐照后，试样开始出现熔融
损伤现象。激光的持续加载以及中心区域的 ZrO_2 散热能力较弱综合作用导致
局部熔化。观察截面组织可知，其结构为表面反应层和基体层组成的双层结
构，反应层厚度较 ZS 的反应层明显减小，仅为 30 ~ 40 μm，主要由柱状及枝
状 ZrO_2 构成。

4）1 000 W × 20 s

随着激光辐照时间的延长，其中心区域烧蚀程度明显加深，如图 7 – 19 所
示。光斑中心区域的形貌与 1 000 W × 10 s 形貌类似，在表面 ZrB_2、Cu 的轮廓
已完全消失，结合 XRD 结果可知，该区域表面已经完全转化为 ZrO_2，占据区
域为直径 3 ~ 4 mm 圆形区域。该区域的熔化程度明显加深，如图 7 – 19（a）
所示，出现了明显高于试样表面的堆积形貌。表面孔洞与 1 000 W × 10 s 激光
辐照试样的孔洞分布一致，但轮廓形状与之有较大区别，孔洞的轮廓变得更为

圆滑平整，呈现火山口形貌，如图 7 – 19（b）所示，显示该处的熔化更加彻底。同时，在火山口外部出现明显的冲刷形貌，如图 7 – 19（c）、（d）所示。在冲刷组织内部，有大量均匀分散的气孔，孔径约为 0.5 μm。这些分散气孔的形成主要为高温下溶解于液态 ZrO_2 的气体，如 B_2O_3 等在降温过程中溶解度降低，从液态 ZrO_2 中析出所致。

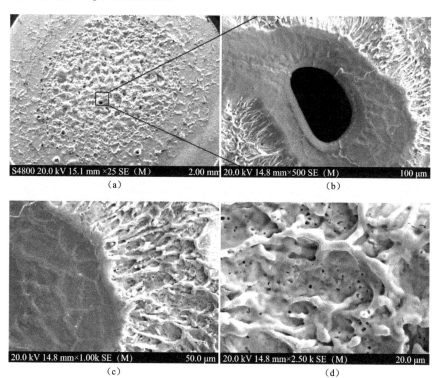

图 7 – 19　ZC 在 1 000 W × 20 s 激光辐照后光斑中心区形貌
（a）低放大倍数下整体形貌；（b）低放大倍数下孔洞形貌；（c）、（d）高放大倍数下孔洞形貌

　　ZC 在 1 000 W × 20 s 激光辐照后光斑中心处纵截面形貌如图 7 – 20 所示。由图 7 – 20（a）可知，材料在该加载条件下，中心区域纵截面结构与 1 000 W × 10 s 类似，均为双层结构，上层为反应层，主要由 ZrO_2 组成，平均厚度 40 ~ 50 μm，较 1 000 W × 10 s 烧蚀后略微增加，下层为 ZC 基体层。孔洞的纵截面结构如图 7 – 20（b）所示，同样以柱状晶构成孔的外轮廓，在孔的内部同样出现液态冲刷后急速凝固的形貌，说明气体从该处向外高速溢出，证明这些孔洞为激光加载过程中气体向外溢出的通道。

　　图 7 – 21 所示为 ZC 在 1 000 W × 20 s 激光辐照后紧邻光斑中心区域的表面微观形貌，其具体位置如图 7 – 21（a）中方框所示。该区域与光斑中心区域

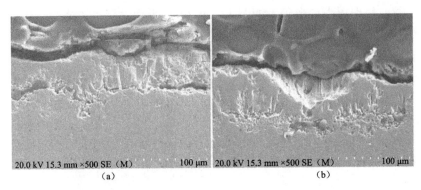

图7-20 ZC在1 000 W×20 s激光辐照后光斑中心处纵截面形貌

(a) 中心区域纵截面形貌；(b) 孔洞纵截面形貌

形貌特征差异较大，表面ZrO₂层未发生熔化现象。

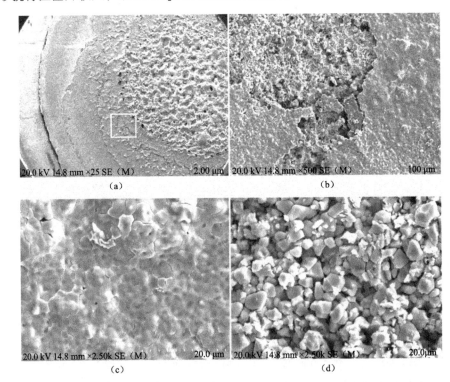

图7-21 ZC在1 000 W×20 s激光辐照后紧邻光斑中心区域的表面微观形貌

(a) 低放大倍数；(b) 图 (a) 部分区域放大形貌；(c)、(d) 图 (b) 放大形貌

由图7-21 (b) 可知，该区域主要分为两层，表层为致密层，形貌如图7-21 (c)所示；内层为疏松层，形貌如图7-21 (d) 所示。对图7-21

（c）、（d）两层区域的 EDS 分析显示，两层内物质均仅由 Zr、O 两种元素构成，结合 XRD 结果可知两层均由氧化生成的 ZrO_2 构成。

致密及疏松层中 ZrO_2 晶粒尺寸无明显差别，均在 3～5 μm 之间，但 ZrO_2 之间的排列状态呈现明显差别，表层 ZrO_2 呈现明显烧结致密化现象，而内层 ZrO_2 则呈现疏松堆积状态，这一堆积形式的区别根据纵截面形貌可更加明显观察得到。图 7-22 所示为 ZC 在 1 000 W×20 s 激光辐照后紧邻中心区域截面形貌，该处纵截面反应层中 ZrO_2 则呈现明显的双层分布结构。表层为由单层 ZrO_2 晶粒组成、厚度约 4 μm 的致密层，内层为厚度约 10 μm 的疏松 ZrO_2 层。

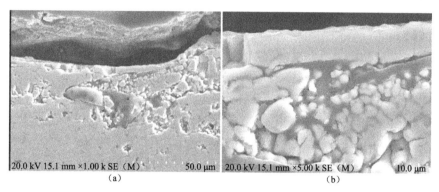

图 7-22　ZC 在 1 000 W×20 s 激光辐照后紧邻中心区域截面形貌
（a）低放大倍数；（b）高放大倍数

图 7-22 所示的双层结构之间，差别主要在于 ZrO_2 的烧结程度，而导致该烧结程度差异的主要原因在于烧结驱动力的差别。表层 ZrO_2 的烧结驱动力来自激光与 ZrO_2 耦合后、光能直接转化成的热能。但对于内层 ZrO_2 而言，由于激光不能直接辐照至该层，其能量仅由表层的热能传递获得。而 ZrO_2 作为一种优异的隔热材料，其固态下的热导率极低，在短时间内由表层向内传递的能量远远不足以实现内层 ZrO_2 的完全烧结长大，因而该层只能呈现疏松的堆积状态。双层 ZrO_2 结构的出现表明，氧化生成的 ZrO_2 由于优异的隔热能力，起到显著的阻止热量向内传递的作用。

综上所述，ZC 在经历 1 000 W×20 s 激光烧蚀后，其破坏形式及特征与 1 000 W×10 s 激光烧蚀时较为一致，均发生力学损伤和熔融损伤，但熔化程度更为严重，烧蚀反应层略微增厚至 40～50 μm。过渡区出现了 ZrO_2 的双层结构，均由 ZrB_2 氧化生成的 ZrO_2 长大烧结而成。烧结驱动力的差异，导致最终双层结构的出现。

7.2.3　烧蚀模型及能量转化机制

针对 ZC 复合材料在 1 000 W 激光作用下，不同时间段的组织形貌演化特

征及规律，已经有了清晰的认识。在此基础上，本小节根据不同激光辐照阶段材料的烧蚀行为特征初步建立烧蚀模型，并由此分析 ZC 在各阶段的主要能量耗散机制，以深入地讨论材料抗激光烧蚀机理。

图 7-23 所示为 ZC 在 1 000 W 激光辐照过程中材料的烧蚀响应示意图。如图 7-23（a）所示，ZC 复合材料呈现 Cu 以连续相分布、ZrB_2 独立均匀分散于 Cu 相中的微观特征。具有高斯分布的激光光束辐照至材料表面，材料受辐照区域温度急剧上升。由于 Cu 的熔点、沸点均较低，在激光烧蚀初期即变为气相向外溢出，表层的 ZrB_2 部分氧化生成 B_2O_3 和纳米级 ZrO_2，如图 7-23（b）所示。此时由于连续相的 Cu 从表面消失，ZrB_2 孤立地存在于试样表面，周向的热传导通道消失，此时激光能量在这些晶粒中大量沉积，热量难以向材料的其他部位转移，因而局域温度迅速上升至 ZrO_2 的熔点，表层 ZrO_2 开始熔化。随着熔化程度加深，ZrO_2 逐渐形成连续的熔化层，如图 7-23（c）所示。在熔化层以下的复合材料仍处于高温状态，各种物理化学变化仍继续进行，Cu 和 B_2O_3 的气体持续产生，由于气体无溢出通道而使内部气压迅速上升，直至气体冲破 ZrO_2 熔化层，出现如图 7-23（c）中的纵向气体通道。反应产生的气相物质持续由此通道向外溢出，形成试样表面均匀分布的气孔，如图 7-23（c）中白色向上通道。而在气孔附近的液态 ZrO_2 在由内向外的气体作用下，发生定向物质迁移，其运动方式如图 7-23（d）中箭头所示，液态 ZrO_2 在这样的定向运动中，不断在通道周边堆积，最终形成了表面微观形貌中的火山口形貌。

通过上述辐照过程中的物质及组织演化规律可知，ZC 在激光烧蚀过程中，主要在激光辐照的光斑中心附近发生显著的变化，而其他部位材料整体变化较小。在激光加载之初，材料尚未发生物质及组织变化，此时的激光能量主要有两种耗散途径。首先，根据反射率测试结果，ZC 通过反射，将约一半的激光能量反射至周围环境，剩下的激光能量通过与物质作用，逐步转化为热能沉积在材料内部。由于 ZC 具有优异的导热能力，因此光斑中心沉积的能量得以较好地传导，实现材料的整体升温，降低了局部温度。同时材料由于整体受热升温，且 ZrB_2 具有很高的红外发射率，因此高温下材料通过热辐射的方式散失大量能量，增加了材料的能量耗散。

然而 ZrB_2 在高温下发生的氧化反应，破坏了整个热量转化过程。其氧化产物主要为 ZrO_2，而 ZrO_2 的热导率仅为 ZrB_2 的几十分之一，热传导能力的显著差异极其严重地削弱光斑中心处材料的热扩散作用。大量能量难以向周围疏导，导致局部温度过高，此时光斑中心处材料仅能通过 Cu 的汽化以及 ZrO_2 的熔化等物理变化消耗沉积于该处的热量。ZrO_2 的熔化，一方面显著增大了与激

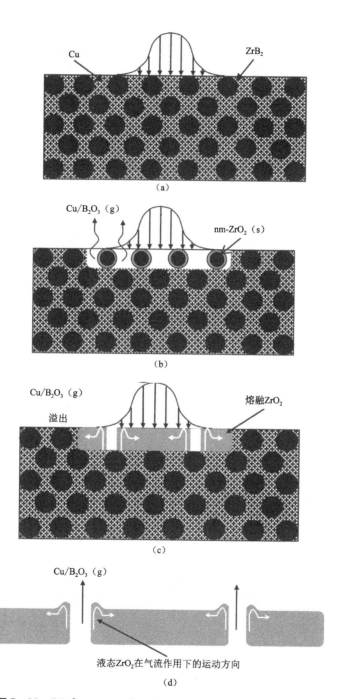

图 7 - 23　ZC 在 1 000 W 激光辐照过程中材料的烧蚀响应示意图

（a）Cu 及 ZrB$_2$ 相初始特征；（b）激光烧蚀初期；（c）激光烧蚀中期；（d）激光烧蚀后期

光的耦合系数，增加了材料体系的总能量吸收；另一方面液态的ZrO_2具有更低的热导率，进一步恶化传热能力。至此材料的抗激光烧蚀呈现出失稳状态，烧蚀程度急速恶化并最终导致材料的失效。

本章以ZrB_2超高温陶瓷为例，介绍了耐烧蚀激光防护材料的研究思路，也可以拓展研究其他耐烧蚀防护涂层。

参 考 文 献

[1] 周甦旸.激光技术原理及应用研究 [J].信息通信,2014 (3):262 - 263.

[2] 张俊玲.激光技术原理及其军事应用 [J].现代物理知识,2001 (2):44 - 45.

[3] 赵一霈.浅谈激光原理及其实际应用 [J].信息记录材料,2018,19 (9):214 - 216.

[4] 叶文,叶本志,宦克为,等.机载激光反导武器的发展 [J].激光与红外,2011,41 (5):481 - 486.

[5] 张东来,李小将,黄勇,等.美军地基激光反巡航导弹毁伤效应分析 [J].现代防御技术,2013,41 (6):8 - 13,114.

[6] 许韦韦.美国海军舰载激光武器发展研究 [J].飞航导弹,2015 (7):46 - 49.

[7] 王学军.美国海军舰载激光武器研发进展与趋势 [J].激光与光电子学进展,2009,46 (12):27 - 37.

[8] 柳志忠.激光武器的最新发展技术 [J].舰船电子工程,2010,30 (9):31 - 35.

[9] 李怡勇,王建华,李智.高能激光武器发展态势 [J].兵器装备工程学报,2017,38 (6):1 - 6.

[10] 刘铭.国外激光武器技术的发展 [J].舰船电子工程,2011,31 (4):18 - 23.

[11] 牛燕雄.光电系统的强激光破坏及防护技术研究 [D].天津:天津大学,2005.

[12] 王向晖,杨树谦,袁健全.激光武器及飞航导弹的防护技术 [J].航天电子对抗,2006 (5):8 - 12.

[13] 林文学.材料激光隐身技术发展现状 [J].科技视界,2014 (31):14,34.

[14] 王向晖,杨树谦,袁健全.飞航导弹抗激光武器攻击的防护技术 [J].红外与激光工程,2006,35 (z1):133 - 138.

[15] 刘晓明，何煦虹，张翼麟. 激光武器及导弹抗激光技术研究 [J]. 战术导弹技术，2014（4）：1−4.

[16] 宋亚萍，刘莉萍. 激光反导与导弹反激光措施综述 [J]. 激光与红外，2008，38（10）：967−970.

[17] 钱苗根. 现代表面技术 [M]. 北京：机械工业出版社，2004.

[18] 姜银方，王宏宇. 现代表面工程技术 [M]. 北京：化学工业出版社，2005.

[19] 高丽红. 功能陶瓷的激光反射性能研究 [D]. 北京：北京理工大学，2009.

[20] 朱锦鹏. $La_{1-x}Sr_xTiO_{3+\delta}$涂层材料制备、光学性能及激光防护机理研究 [D]. 北京：北京理工大学，2018.

[21] 马琛. 硼酚醛树脂基复合涂层的制备、改性及激光烧蚀机理研究 [D]. 北京：北京理工大学，2019.

[22] 许峰. MDA 型苯并噁嗪树脂抗激光辐照涂层制备及性能研究 [D]. 北京：北京理工大学，2017.

[23] 严振宇. ZrB_2基复合材料在强激光作用下的烧蚀机理研究 [D]. 北京：北京理工大学，2014.